CATALOGUE
DES FRUITS

RÉPUTÉS LES MEILLEURS, TELS QUE :

POIRES, POMMES, PÊCHES, ABRICOTS, CERISES & PRUNES

Qui peuvent être cultivés dans le département de la Somme,

ADOPTÉ PAR LA SOCIÉTÉ D'HORTICULTURE DE PICARDIE

ET PUBLIÉ SOUS SES AUSPICES

PAR

M. THUILLIER-ALOUX

MEMBRE DE LA SOCIÉTÉ

Ce Catalogue, précédé des divers Rapports faits à son sujet, comprend en outre une Liste particulière des bonnes espèces de Poires et de Pommes reconnues les plus productives en plein vent.

Prix : 2 fr.

AMIENS
FOURNIER, LIBRAIRE
00, Rue des Trois-Cailloux

PARIS
LIBRAIRIE AGRICOLE
Rue Jacob, 26

1863

CATALOGUE

DES FRUITS

QUI PEUVENT ÊTRE CULTIVÉS

DANS LE DÉPARTEMENT DE LA SOMME.

CATALOGUE DES FRUITS

RÉPUTÉS LES MEILLEURS, TELS QUE :

POIRES, POMMES, PÊCHES, ABRICOTS, CERISES & PRUNES

Qui peuvent être cultivés dans le département de la Somme,

ADOPTÉ PAR LA SOCIÉTÉ D'HORTICULTURE DE PICARDIE

ET PUBLIÉ SOUS SES AUSPICES

PAR

M. THUILLIER - ALOUX

MEMBRE DE LA SOCIÉTÉ

Ce Catalogue, précédé des divers Rapports faits à son sujet, comprend en outre une Liste particulière des bonnes espèces de Poires et de Pommes reconnues les plus productives en plein vent.

Prix : 2 fr.

AMIENS
FOURNIER, LIBRAIRE
90, Rue des Trois-Cailloux

PARIS
LIBRAIRIE AGRICOLE
Rue Jacob, 26

1863

SOCIÉTÉ D'HORTICULTURE DE PICARDIE.

EXTRAITS

DES SÉANCES DE CETTE SOCIÉTÉ

ET

RAPPORTS

RELATIFS AU NOUVEAU

CATALOGUE DE FRUITS

Présenté par M. THUILLIER-ALOUX.

Extrait de la Séance du 7 Octobre 1860.

M. Thuillier fils ayant annoncé l'intention de soumettre à la Société et au public un échantillon de la presque totalité des fruits adoptés par le Congrès pomologique, ces fruits sont placés sur plusieurs gradins.

M. le Président appelle l'attention des membres sur cette importante collection, et, conformément au désir exprimé, une Commission composée de MM. Lamollet, Masson et Félix Labbé, est nommée pour procéder à leur dégustation et faire connaître si tous méritent d'être propagés dans notre contrée.

Séance du 6 Octobre 1861.

RAPPORT

FAIT AU NOM DE LA COMMISSION POMOLOGIQUE D'AMIENS

« Messieurs,

« Nous avons l'honneur de mettre sous vos yeux divers tableaux, résultat de la dégustation que vous nous avez chargé de faire d'une fort belle Collection de poires qui a été mise à notre disposition par M. Thuillier fils en octobre dernier.

« Malheureusement, par suite des pluies incessantes de 1860, ces fruits, de belle apparence, n'avaient point acquis toute la maturité et toute la saveur désirables.

« Les fruits d'hiver n'ont pu mûrir pour la plupart; les fruits précoces nous ont fait défaut, puisque nous opérions en octobre; c'est donc sur ceux d'automne qu'a porté surtout notre travail.

« Quoi qu'il en soit, avec les notes que nous avons prises sur la notoriété du mérite de tous les fruits en général, et les nouvelles études auxquelles s'est livré notre honorable collègue M. Thuillier-Aloux, nous espérons que vous approuverez nos travaux et qu'il en résultera un progrès dans la voie duquel la Société d'horticulture de Picardie marche avec tant de persévérance. Mais on conçoit qu'il serait impossible dans une assemblée générale de discuter tous les détails de ces travaux, et vous jugerez sans doute qu'il serait opportun de nommer une nouvelle Commission spéciale ou d'adjoindre à l'ancienne un ou deux nouveaux membres compétents, pour tirer de nos opérations les meilleurs résultats.

« Permettez-nous de vous présenter à ce sujet quelques considérations.

« Nous n'avons pas sous les yeux le procès-verbal de la séance d'octobre 1860, dans laquelle vous avez nommé votre Commission, mais elle pense qu'il doit contenir les motifs de la dégustation que vous lui avez ordonné de faire.

« Il ne peut suffire, en effet, qu'elle se soit formée une opinion sur les différentes qualités d'une collection de fruits. Il est clair que vous avez voulu utiliser ce travail et guider le propriétaire, aussi bien que le pépiniériste et l'amateur, dans le choix qu'il doit faire des meilleures espèces sous le triple rapport du fruit, de la fertilité et de la vigueur de l'arbre. Afin de rendre le choix plus facile, il devenait nécessaire de simplifier et fixer la nomenclature qui, malgré les travaux entrepris par diverses Sociétés d'horticulture, est restée bien confuse. A ces divers points de vue, rendons hommage aux louables efforts de ces Sociétés, parmi lesquelles se distingue le Congrès pomologique de Lyon. Il a entrepris une réglementation uniforme ; mais les hommes de talent qui le composent y parviendront-ils ? Nous ne le pensons pas. Sans doute si ce congrès ne s'était proposé que de rendre à chaque fruit son véritable nom et de proscrire ce fatras de synonymes, désespoir des arboriculteurs, nous y applaudirions de grand cœur, malgré quelques critiques qui lui sont adressées, car il y a peu d'inconvénients, mais, au contraire, beaucoup d'avantages à adopter les noms qu'il proclame les véritables ; mais lorsqu'il se lance dans l'appréciation de la qualité, du volume, de la maturité, de la fertilité de chaque fruit pour devenir la règle universelle, c'est là qu'éclate son impuissance, selon nous, et nous lui dirons ce qu'on ne saurait trop répéter : *Ce que vous trouvez très-bon ne réussit pas toujours chez nous ; et ce que vous rejetez fait quelquefois nos délices. Ce qui chez vous mûrit à telle époque, mûrit à telle autre ici et quelquefois ne mûrit pas du tout.*

« Notre rôle à nous, Messieurs, doit être plus modeste. Nous appuyant sur ce principe qu'il faut avant tout faire quelque chose d'utile à notre département ou à ceux dont le climat et le sol sont identiques, nous avons pris pour base le Catalogue de M. Thuillier-Aloux ; nous n'avons plus à faire l'éloge de ce travail ; vous l'avez adopté et fait imprimer, c'est tout dire ; mais il a déjà six ans de date, et, si nous ne nous trompons, M. Thuillier lui-même sentirait la nécessité de le réviser et de le compléter. Il nous a communiqué diverses notes et un rapport qu'il doit nous présenter à ce sujet. Ainsi il ajouterait les pommes, les pêches, les prunes, les abricots et les cerises. Il vous proposerait de mettre en pratique pour le département de la Somme ce qu'a fait M. P. de M. pour le département de l'Isère. Il ferait une catégorie de 40 des meilleures poires divisées en quatre dizaines, chaque dizaine rangée par ordre de maturité. La première dizaine serait recommandée au propriétaire qui ne pourrait avoir que dix poiriers ; elle se composerait des meilleures, et ainsi de suite pour les propriétaires qui en voudraient davantage.

« Nous concluons, Messieurs ; comme nous vous le disions, la Commission que vous auriez à nommer pourrait avoir pour mission l'examen des suites à donner à notre travail de dégustation. Elle pourrait examiner aussi l'opportunité d'une révision de l'ouvrage de M. Thuillier-Aloux, et pour ce cas, voici, d'après les considérations que nous nous sommes efforcé de faire valoir, sur quel plan on pourrait opérer.

« Diviser l'ouvrage comme le premier en diverses catégories :

« La première se composerait des poires que l'expérience nous a fait préférer pour le département ;

« La deuxième, de celles d'un mérite généralement

reconnu, mais réussissant moins bien dans le département, ou qui n'y sont pas assez connues ;

« La troisième, les poires à cuire ;

« La quatrième, les poires de qualités diverses qui peuvent faire partie des grandes collections ;

« La cinquième enfin pourrait se composer des quarante bonnes poires première qualité pour les collections restreintes.

« Nous ne dirions rien des autres poires dont l'expérience n'a pas suffisamment démontré le mérite ; mais elles trouveraient leur place dans une table générale de toutes les poires du Catalogue avec une annotation s'il y a lieu.

« Cette table alphabétique simplifierait singulièrement les recherches et abolirait naturellement les synonymes qui ne se trouveraient que là avec un renvoi au véritable nom dans les catégories.

« Les autres fruits, pommes, pêches, etc., étant peu nombreux, ne figureraient point dans la table.

« Nous croyons qu'un ouvrage ainsi divisé et rédigé par M. Thuillier-Aloux serait d'une grande utilité pour les intérêts que nous avons l'honneur de représenter. »

Le Rapporteur,

Félix LABBÉ.

Conformément à la proposition qui lui est faite, la Société renvoie le travail de M. Thuillier-Aloux à la même Commission et l'augmente de deux membres.

Extrait de la Séance du 1er Décembre 1861.

M. Thuillier-Aloux donne lecture du rapport suivant, contenant l'exposé du travail auquel il s'est livré pour compléter et étendre à tous les fruits le Catalogue qu'il a dressé, et que la Société a publié.

« Messieurs,

« Les propositions formulées dans le rapport de l'honorable M. Labbé, président de la Section d'arboriculture, et tendant à réviser notre Catalogue de poires, ont été renvoyées à l'examen de la Commission de pomologie qui les a adoptées sans hésitation. Chargé de rédiger son travail, nous éprouvons, au moment de le mettre sous vos yeux, le besoin de vous exprimer la crainte que nos efforts ne répondent pas entièrement aux espérances qu'on a pu concevoir; cependant, encouragé par l'accueil bienveillant accordé à nos premiers essais pomologiques, et surtout animé du désir de vous donner une nouvelle preuve de bonne volonté, nous venons, malgré nos scrupules, remplir le mieux possible cette mission difficile.

« Permettez-nous de vous exposer les motifs qui nous ont guidé dans cette entreprise et le plan que nous avons cru devoir adopter.

« On se rappelle combien, pendant ces dernières années, la manie des nouveautés a fait éprouver de mécomptes aux horticulteurs et amateurs d'arbres fruitiers, soit à cause du mérite exagéré attribué à des espèces médiocres, soit à cause des espèces elles-mêmes qui n'étaient pas toujours conformes. D'un autre côté, la multiplicité des synonymes venait accroître l'incertitude et l'erreur. La confusion qui régnait alors exigeait qu'on s'occupât bientôt de mettre un terme à un état de choses si contraire à tous les intérêts.

« Lors de la publication de notre Catalogue en 1855, nous disions, après M. Prévost : « Qu'il était grand temps « d'opérer une réforme judicieuse, mais sévère, dans « cette monstrueuse collection de poires livrées au com- « merce » ; nous ajoutions : « Que, pour guider l'amateur « dans son choix, il fallait lui présenter une liste très- « succincte des espèces réputées les meilleures et les plus « propres à la contrée où elles doivent être cultivées. » — Cette idée, partagée par tous ceux qui s'intéressent à la pomologie, se réalisa en 1857 ; des hommes éclairés et compétents, réunis en congrès, s'occupèrent de cette importante question ; ils dressèrent une liste des bonnes variétés dont ils bannirent les synonymes. Cette réforme, généralement approuvée, rendit un grand service à l'arboriculture fruitière, en la débarrassant d'une masse de fruits médiocres et superflus.

« Il est rationnel, en effet, de cultiver de préférence un certain nombre des meilleurs fruits, les seuls qui méritent l'attention, et qui priment incontestablement d'autres espèces paraissant en même temps qu'eux. Dès lors, à quoi bon accumuler dans un catalogue sortes sur sortes, si on tient à écarter les infériorités. Sans nous laisser entraîner par un jugement trop précipité pour ou contre une espèce non admise, attendons que l'expérience se soit prononcée.

« Maintenant que cette réforme est accomplie, il faut, s'associant à la même pensée, que les Sociétés horticoles départementales, tenant compte des conditions de sol et de température qui existent entre elles, la rendent profitable, en établissant, pour leur localité, une liste des espèces dont l'expérience a constaté de bons résultats. C'est ce à quoi nous nous sommes attaché en composant la nôtre, d'après les appréciations de votre Commission.

« Le Congrès pomologique de Lyon travaille avec un zèle digne d'éloges à faire connaître tous les bons fruits que possède la France. Par sa position au centre des contrées les plus favorisées, il peut, avec le concours des pomologistes distingués qui le composent, traiter complètement la question des fruits. Placé dans une sphère beaucoup plus modeste, nous n'avons mentionné que les variétés dont nous avons pu apprécier le mérite et qui peuvent être cultivées dans notre département.

« Voulant autant que possible nous conformer au plan tracé par notre honorable collègue M. Félix Labbé, nous commençons le Catalogue par la série la plus nombreuse : les fruits à pepins.

« La liste des poires, dressée dans l'ordre suivi par le Congrès pomologique dont nous adoptons les noms, est divisée en deux parties :

« La première renferme les variétés qui, à nos yeux, doivent avoir la préférence.

« La seconde contient celles généralement bonnes et sur lesquelles nous devions appeler l'attention des amateurs qui les cultivent ou voudraient les cultiver. Leur description, d'après les bons auteurs, et les observations qui y sont jointes, permettront d'en apprécier la valeur.

« Viennent ensuite les poires à cuire et à compote.

« Les pommes et les fruits à noyaux, dont la publication s'est trouvée ajournée, sont décrits dans divers tableaux placés à la suite des poires, et ne mentionnent, comme pour ces dernières, que les espèces les plus méritantes.

« Les arbres fruitiers de haute tige étant principalement cultivés à la campagne, et cette culture laissant beaucoup à désirer sous le rapport du choix des espèces, il nous a paru utile, dans l'intérêt des horticulteurs, de placer sous leurs yeux une liste particulière des bonnes variétés de poires et de pommes, reconnues productives, en plein vent ; elle est précédée d'une notice sur l'utilité des fruits et des moyens employés pour les conserver ou les faire voyager.

« Nous ne disons rien des variétés à l'étude dans le jardin de la Société ; plus tard, quand on en aura apprécié le mérite, elles seront l'objet d'un rapport particulier.

« Une table alphabétique des fruits décrits termine le Catalogue.

« Tel est l'ensemble du travail soumis à votre approbation. Si nous n'avons pas l'avantage d'atteindre le but proposé, on reconnaîtra du moins dans cette tentative le désir de bien faire. »

Ce travail est renvoyé à une Commission composée de MM. Félix Labbé, Thuillier-Aloux, Chatelain, Lamollet et Dumeige.

SECTION DES FRUITS.

Séance du 22 Mars 1862.

M. le Président soumet les modifications et additions qui ont été apportées au Catalogue de fruits précédemment publié par la Société, dans le but de le rendre plus utile aux amateurs et aux jardiniers qui désireront en faire usage.

L'attention des membres est appelée sur les détails dont chaque fruit est l'objet.

Tous se plaisent à reconnaître les avantages qu'offrira ce nouveau travail et émettent l'avis qu'il y a lieu d'en proposer l'adoption à la Société; on exprime un seul désir, c'est que le rapport indique le motif qui a déterminé la Société à ne point conserver, pour le département, les 40 poires désignées par M. P. de M., comme étant les meilleures à cultiver [1].

[1] Les 40 bonnes poires de M. P.-D. M., font partie de la première série du Catalogue; elles sont par conséquent comprises parmi les meilleures à cultiver dans le département.

Séance du 6 Avril 1862.

La Commission nommée pour examiner le nouveau Catalogue de fruits expose verbalement le résultat de son travail, qui est l'objet de toute l'attention de la Société.
En raison de son importance et de l'impossibilité d'apprécier à la simple lecture les détails donnés sur chaque fruit, la Société décide qu'avant son impression ce Catalogue sera encore communiqué à quelques-uns de ses membres.

Cette communication a été faite et n'a donné lieu à aucune observation.

Opinion de Duhamel *sur le choix des fruits.*

A la suite de l'exposé qui précède, il ne sera peut-être pas hors de propos de faire connaître l'opinion du savant Duhamel sur le choix des espèces de fruits à planter dans un jardin; quoiqu'elle date d'une centaine d'années, elle peut encore aujourd'hui servir de règle à ceux surtout qui font de grandes plantations.

« Les uns, dit-il, plantent des arbres pour en tirer un revenu de leurs fruits ; ceux-là, ne prenant conseil que de leur intérêt, donnent la préférence aux fruits qui sont précoces ou fort gros; ces deux qualités étant plus avantageuses pour la vente que la délicatesse des fruits, elles déterminent leur choix. D'autres plantent des arbres pour eur usage et la fourniture de leur maison, et suivent leur goût particulier qui souvent n'est pas d'accord avec le goût général ; mais quand on travaille pour soi, on doit être le maître de suivre son inclination.

« Laissant à part ces motifs d'un intérêt personnel, il faut convenir qu'il ne serait pas aisé, même à celui qui aurait fait une étude suivie des fruits, de donner de bons conseils à qui voudrait faire un plant considérable. En cela, chacun suit son goût : les uns se déclarent pour les fruits fondants, les autres aiment mieux les cassants. Cependant il y a des fruits qui, indépendamment des goûts de fantaisie, méritent la préférence ; dès lors il semble qu'on pourrait établir comme règle le choix des bons plutôt que des médiocres. Quelque naturel que cela paraisse, nous osons dire que cette règle est susceptible de restriction. En effet, celui, par exemple, qui ne planterait que des cerisiers de Montmorency, des pruniers de Reine-Claude, des pêchers de Grosse-Mignonne, des poiriers de Beurré gris, des pommiers de Calville blancs, etc, aurait les fruits communément réputés les meilleurs ; mais tous les ans il éprouverait de longues disettes, et rien n'est plus contraire à la bonne économie que de se fournir avec profusion, pendant quelques mois, de fruits excellents et de rester au dépourvu le reste de l'année. N'est-il pas mieux de se ménager une succession de fruits, de sorte que si l'on n'est pas toujours dans l'abondance jusqu'au superflu, on ne soit jamais dans l'indigence ? Le moyen de s'assurer cette ressource, est de planter les espèces et les variétés d'arbres dont les fruits se succèdent, depuis les plus précoces jusqu'aux plus tardifs, faisant en sorte de proportionner le nombre de chaque espèce au besoin de la saison où elle mûrit. Une plantation ne remplit donc point son objet, lorsque, trop nombreuse en arbres dont les fruits concourent pour le temps de la maturité et ne produisent qu'une abondance momentanée, elles manquent des espèces dont les fruits se conservent jusqu'aux nouveaux. Elle est encore incomplète lorsqu'elle n'est composée que des plus excellents fruits de chaque saison, parce que ces fruits, ordinairement délicats, étant sujets à manquer, il faut suppléer à ceux-là par d'autres de moindre qualité qui donnent plus constamment. D'ailleurs il faut du fruit pour les compotes et les confitures ; leur utilité sous ce rapport est suffisamment reconnue pour éviter de les admettre.

« Ces défauts, très-communs dans les plantations, viennent de ce que la plupart des propriétaires ne connaissent point assez toutes les espèces d'arbres pour faire eux-mêmes un bon choix ; peu de jardiniers même les connaissent suffisamment. C'est principalement pour faciliter et répandre cette connaissance que nous avons entrepris de faire connaître les fruits de table et de cuisine; quoique entre ceux-ci même nous ayons fait un choix des meilleures espèces, nous ne conseillons pas, à moins qu'on ne veuille collectionner, de cultiver toutes celles dont nous faisons mention, quelques-unes n'étant que des fruits de fantaisie, d'autres ne réussissant que dans certains climats, ou dans certains terrains; mais il a été nécessaire de rendre cette collection assez nombreuse, pour satisfaire à tous les goûts et suffire à tous les usages qu'on peut faire des fruits. »

CATALOGUE DES FRUITS

RÉPUTÉS LES MEILLEURS,

TELS QUE

POIRES, POMMES, PÊCHES, ABRICOTS, CERISES ET PRUNES

QUI PEUVENT ÊTRE CULTIVÉS

DANS LE DÉPARTEMENT DE LA SOMME.

POIRIER.

Le poirier, comme le pommier, a une importance presque aussi grande que celle de la vigne : un grand nombre de nos départements trouvent dans leurs abondantes récoltes des produits alimentaires bien précieux tant pour la table que pour les boissons que l'on en extrait.

Si l'on en excepte les terres complètement siliceuses, calcaires ou argileuses, on peut dire que le poirier donne des produits passables dans presque tous les terrains; néanmoins le poirier sur franc préfère les sols argilo-sableux et argilo-calcaires substantiels et surtout profonds. Sur cognassier, il réussit assez bien dans une terre légère, fraîche, meuble et substantielle, n'ayant pas une grande profondeur, un fonds de 60 à 66 centimètres lui suffit.

Quoiqu'il se cultive sous toutes les formes, il y a cependant certaines espèces qui ne donnent que sous une forme déterminée, c'est-à-dire en espalier : tels sont le Bon-Chrétien d'hiver, le Colmar d'hiver, la Crassanne, etc., qui ne donnent pas ou du moins exceptionnellement dans les arbres en pyramide. Les variétés qui demandent spécialement l'espalier étant particulièrement indiquées, nous ajouterons que, pour cette sorte de plantation, il faut mettre les espèces d'été à l'exposition du couchant ou du nord, et celle de fin d'automne et d'hiver, à l'exposition du levant ou du midi.

Un point important pour la conservation de ce fruit qui, par sa nature et la succession de son époque de maturité, fait la base de toute plantation de jardins fruitiers, est l'époque de sa récolte. On doit cueillir les Poires d'été et du commencement d'automme, huit à dix jours avant leur parfaite maturité, et les Poires d'hiver un peu avant la chûte des feuilles, sans cela les premières blettiraient de suite, tandis que les secondes n'auraient pas toute leur bonne qualité.

Il est nécessaire de faire observer ici, comme nous l'avons fait dans notre Catalogue de 1855, que les variétés estimées de la plus haute excellence par les uns, sont trouvées inférieures par les autres. En général, cette diversité d'opinions provient de la différence de terrain, de situation ou de climat; que si l'une de ces trois choses manque, une variété qui est prouvée être de première qualité, peut être trouvée très-inférieure lorsqu'elle est produite dans des circonstances défavorables.

POIRIERS. — PREMIÈRE SÉRIE.

58 Variétés, y compris 12 spécialement pour espaliers.

ANANAS DE COURTRAY. — Arbre assez vigoureux sur franc et assez fertile, pour pyramide et espalier au couchant; fruit très-gros, pyriforme, pyramidal, affectant parfois la forme d'un Bon-Chrétien; épiderme jaune-citron à la maturité; chair blanche, mi-fine, fondante; eau suffisante, sucrée et d'un parfum agréable, sans être musqué comme la William, avec laquelle il a quelque rapport.

Ce beau et bon fruit se mange du 15 août au 15 septembre. On commence par cueillir les plus gros, et on continue ainsi de huit jours en huit jours. (*Bivort.*)

Comme la William, cet arbre rapporte bien en plein vent.

ANNA AUDUSSON. — Obtenue en 1853 par M. Alexis Audusson, pépiniériste, à Angers.

Arbre vigoureux sur cognassier, se formant bien en pyramide, espalier et haut vent; fruit mesurant en hauteur 9 centimètres sur 8 de diamètre à la base, en forme de Doyenné; épiderme vert-clair, fortement piqueté et chargé de rouille; chair fine, fondante; eau suffisante et bien parfumée. Mûrit de décembre en février. (*Pomologie de Maine-et-Loire.*)

BARONNE DE MELLO. — Provenant des semis de M. Simon-Bouvier de Jodoigne, et dédiée par M. Jamin (Jean-Laurent), à madame la baronne de Mello, au château de Piscot, près d'Ecouen.

M. Poiteau la décrit ainsi sous le nom de *Poire His*. Fruit moyen, régulier, ové, queue menue, longue, fauve-roussâtre; œil presque à fleur; peau lisse, d'un jaune-clair, ponctuée de roux, surtout du côté du soleil, où l'on remarque quelques dispositions à rougir. Il y a des tavelures rousses autour de l'œil; chair très-blanche, fine, fondante; eau abondante, sucrée, relevée, délicieuse. Mûrit fin d'octobre et en novembre.

S'attache à cette poire le nom de M. His, inspecteur des bibliothèques du royaume (Poiteau) 1834. — Cet arbre vigoureux et très-fertile a le défaut de se gercer.

BERGAMOTTE FORTUNÉE. — Attribuée à M. Parmentier d'Enghien, vers 1831. — Syn. : La *Fortunée de Parmentier*, *Fortunée de Paris* (Cat. anglais), *Fortunée de Remme, Beurré de Remme.* (Cat. Wilhelm.)

Arbre vigoureux sur cognassier, pour pyramide, et en espalier au levant et au couchant; fruit petit ou moyen, court, turbiné, obtus, et comme tronqué ou arrondi, gris et vert ou tout-à-fait gris, devenant fauve ou roux lors de la maturité, qui se prolonge de janvier en mai; chair fine, fondante, eau abondante, sucrée, parfumée, un peu acidulée avant la parfaite maturité.

Sur les arbres en plein air, à haute tige, ses fruits sont

généralement petits. Dans les terrains argileux et froids, ils deviennent gercés ; cueillis trop tôt, ils se fanent et se rident.

Pour jouir complètement de ce bon fruit d'hiver, qui, d'ailleurs, est encore assez rare, il faut le cultiver en espalier. (*Prevost.*)

BERGAMOTTE ESPEREN. — Obtenue de semis par le major Esperen, vers 1830. C'est, de tous ses gains, celui dont il faisait le plus de cas.

Bel arbre pyramidal, d'une grande vigueur, fertile quoique lent à se mettre à fruits; vient bien sur cognassier et sur franc, en pyramide et espalier au levant et au couchant. L'arbre de haute tige donne des produits moins gros, mais très-sains ; fruit moyen, arrondi, ventru, en forme de Bergamotte; peau rude, verte, tavelée de roux sur toute sa surface, jaunissant un peu à la maturité; chair blanc-rosé, très-fine, fondante; eau abondante, sucrée et parfumée. Mûrit en mars et avril. (*Bivort.*)

C'est une variété hors ligne dont on ne saurait trop recommander la propagation.

BEURRÉ BACHELIER. — Obtenue par M. Bachelier, horticulteur, à Bourbourg (Nord).

Arbre assez vigoureux, qu'il faut greffer sur franc, car il végète faiblement sur cognassier; pour pyramide et espalier, au levant et au couchant; fruit gros, turbiné, obtus ; épiderme vert-brun, s'éclaircissant à la maturité; chair fine, mi-fondante, juteuse; eau abondante, sucrée, excellente. Mûrit fin octobre et en novembre.

Sauf sa fertilité qui n'est pas suffisamment constatée, c'est un fruit recommandable sous tous les autres rapports.

BEURRÉ BENOIT. — Cette variété, désignée aussi sous le nom de *Beurré Auguste Benoist*, porte le nom du pépiniériste qui l'a greffée le premier; elle a été trouvée dans une haie, à Brissac (Maine-et-Loire), avant 1839.

Arbre peu vigoureux, mais très-fertile, qu'il convient de cultiver sur franc, en pyramide et haut vent; fruit moyen, turbiné, en forme de Doyenné; épiderme vert-clair, maculé et ombré de brun-roux et de gris, passe au jaune-clair à sa maturité ; chair blanche, fine, fondante ; son eau est abondante, sucrée et bien parfumée. Mûrit fin de septembre et en octobre. (*Bivort.*)

BEURRÉ CLAIRGEAU. — Obtenue de semis par M. Clairgeau, jardinier, à Nantes. Le pied mère, aujourd'hui transporté à Bruxelles, a porté fruit pour la première fois en 1848.

Arbre d'une vigueur modérée et capricieux dans son développement, à greffer sur franc, réussit mal sur cognassier. Les sujets de pépinières sont toujours très-chétifs, même sur franc.

Cet arbre donne de beaux résultats en espalier, au levant et au couchant ; il fait bien et donne de beaux fruits en pyramide si le sol lui convient. Le fruit très-gros, pyramidal, turbiné, pyriforme, parfois aplati d'un côté et arqué, mesure 11 centimètres de hauteur et 9 de diamètre ; l'épiderme jaune-d'or, à la maturité, fortement coloré du côté du soleil, est presque entièrement panaché et ponctué d'un brun-roux, du côté de l'ombre ; chair de qualité variable, parfaite, très-fine, juteuse, sucrée et parfumée dans les sols secs, fade et sans saveur dans les pays froids et les sols humides.

Ce fruit, qui est au premier rang parmi nos meilleurs, serait plus répandu dans les jardins si sa culture n'était pas si difficile ; il mûrit en novembre et va quelquefois jusqu'en décembre. (*Forney.*)

BEURRÉ CURTET (Bouvier). — Syn. : *Beurré Curté*, *Comte Lamy*, *d'Ingler* (Cat. anglais). — Le *Beurré Quetelet*, que nous avons reçu de Belgique, est aussi un synonyme du *Beurré Curtet*.

Arbre assez vigoureux, à cultiver sur franc, très-fertile surtout à haute tige, lorsqu'il n'est point soumis à la taille. Fruit petit ou moyen, arrondi ou turbiné, très-court, lisse, presque luisant, rouge et pointillé, gris-fauve du côté du soleil ; chair blanche, fine, fondante ; eau abondante, très-sucrée et parfumée. Ce fruit jaunit à sa maturité qui arrive dans la première quinzaine d'octobre.

Cette excellente poire, qui vient très-bien à haute tige, paraît avoir été obtenue en 1828, à Jodoigne, par M. Bouvier, pharmacien, qui l'aurait dédiée à M. Curtet, médecin, à Bruxelles. (*Prevost.*)

BEURRÉ D'AMANLIS. *Wilhelmine* (Van Mons), *Plomgastel, Poire de Bart* (d'Albret), *Poire Hubart* (à Rouen), *Poire Keissoise* (à Bernay).

Arbre très-vigoureux et très-fertile, vient bien sur cognassier, mieux sur franc dans les terrains secs; réussit sous toutes les formes et est extrêmement fertile en haute tige ; fruit gros, pyriforme, irrégulier, ventru d'un côté, diminuant vers le pédoncule et légèrement côtelé ; il vient par bouquets de trois à sept ; peau lisse, vert-foncé, se colorant de rouge d'un côté, sous l'influence des rayons solaires. Mûrit au commencement de septembre. (*Société Van Mons.*)

On ne saurait trop recommander la propagation de ce bon fruit, qui, comme tous les fruits de cette saison, doit être cueilli avant sa maturité, car s'il mûrit sur l'arbre il devient cotonneux.

BEURRÉ DE LUÇON. — Syn. : *Beurré gris d'hiver nouveau, Beurré supérieur, Beurré de Fontenay.* — Il provient, dit-on, de Luçon (Vendée), et a été répandu dans le commerce vers 1830.

Arbre fertile, plus vigoureux que le Beurré gris ordinaire, présentant rarement des parties d'écorces galeuses, réussissant mal sur cognassier, mieux sur franc ; fruit moyen, irrégulièrement ovale ou arrondi, obtus ; peau lisse, vert-jaunâtre, recouverte de marbrure gris-fauve ; chair demi-fine, demi-fondante, sucrée, acidulée, parfumée ; mais ayant le centre du fruit un peu graveleux. Mûrit en décembre-janvier.

Pour que ce fruit acquière toutes ses bonnes qualités, il faut un sol chaud et léger ; et comme il vient très-bien en plein air, on peut le cultiver à haute tige ; mais il n'est bon que dans les années chaudes. (*Prevost.*)

BEURRÉ DIEL. — M. de Bavay, dans son Catalogue raisonné, dit : que cette bonne et belle poire a été obtenue à Perck, près Vilvorde (Belgique), dans la ferme Dry-Toren (des Trois Tours). Van Mons, appelé à l'apprécier, l'a dédiée au professeur allemand Diel.

Ses synonymes sont : *P. des Trois-Tours, P. incomparable,*

P. Royale, *Dorothée royale*, *Dry-Toren*, *Guillaume de Nassau*. *Gros Dillen*, *Poire Melon* (Cat. anglais). *B. magnifique en France*.

Arbre vigoureux et fertile, venant en pyramide sur cognassier et sur franc, d'un bon rapport en plein vent; fruit gros, turbiné, pyriforme, jaune-pâle ou verdâtre, marbré ou pointillé de gris-roux sur toute sa surface; chair ferme, mi-fondante, juteuse, très-sucrée, parfumée, excellente. Cette poire mûrit de novembre en janvier. C'est l'une des meilleures de la saison. (*Prevost*.)

Cette espèce à bois divergent demande à être taillée long et éclaircie en ébourgeonnant, pour qu'un air suffisant pénètre entre son large feuillage. — Cette poire, récoltée sur plein vent, peut aller jusqu'en janvier.

BEURRÉ GIFFART. — Obtenue par M. Giffart, à Angers (Maine-et-Loire).

Arbre d'une vigueur moyenne à rameaux grêles et déliés; assez fertile pour espalier et haute tige sur franc; il pousse maigrement sur cognassier et se prête peu à la forme pyramidale; fruit moyen, pyriforme, allongé, un peu courbé vers le pédoncule qui est long et arqué; épiderme lisse, jaune-herbacé, pointillé de roux du côté de l'ombre, et de rouge vif au soleil; chair fine, fondante; eau abondante, sucrée, acidulée.

Ce bon fruit, le meilleur de la saison, mûrit fin de juillet.

Quoiqu'il paraisse blettir promptement, il n'en est pas moins recommandable par sa qualité, sa forme, son volume et sa précocité.

BEURRÉ GOUBAULT. — Obtenue de semis en 1843, par M. Goubault, pépiniériste, à Angers (Maine-et-Loire).

Arbre assez vigoureux et très-fertile, pour pyramide et plein vent, à greffer sur franc; fruit moyen, arrondi ou turbiné, en forme de Doyenné; peau lisse, ayant quelques taches et points roussâtres, passant au vert-clair à la maturité; chair blanche, mi-fine, mi-fondante, beurrée; eau abondante, sucrée, parfumée. Mûrit à la mi-septembre. (*M. de Liron d'Airoles*.)

C'est un bon fruit dont il faut avancer la cueillette, car, comme tous ceux de cette saison, il mollit vite.

BEURRÉ SIX.— Obtenue par M. Six, jardinier-pépiniériste, à Courtray (Belgique).

Arbre fertile, de moyenne vigueur, qu'il faut greffer sur franc, pour pyramide, espalier et haut vent, dans un lieu abrité; fruit gros, pyriforme, fortement bosselé vers l'ombilic; épiderme lisse, vert-clair, ponctué de vert-foncé et de brun, ombré de même couleur, n'annonçant aucun changement à sa maturité; chair blanche, fine, fondante, beurrée; eau abondante, sucrée, d'un parfum délicieux.

La maturité de ce bon fruit a lieu en novembre et décembre. (*A. Bivort.*)

Quoique nous ne lui ayons pas trouvé ce parfum délicieux dont parle M. Bivort, ce fruit, peu connu, mérite l'attention des amateurs. Il mûrit ici en octobre et novembre.

BEURRÉ STERCKMANS. — Syn. : *Doyenné Sterckmans à Boulogne*, *Belle Alliance.* (Cat. Wilhelm.)

Obtenteur, M. Sterckmans, de Louvain (Belgique).

Arbre vigoureux sur franc et même sur cognassier, assez fertile, pour pyramide et haut vent; fruit moyen ou gros, court, turbiné, pyriforme, obtus, un peu bosselé ou ventru vers le milieu de sa hauteur; épiderme rouge-vermillon du côté du soleil, jaune pointillé, roux de l'autre; chair blanc-jaunâtre, mi-fine, fondante; eau abondante, très-sucrée, agréablement parfumée.

Ce fruit, d'une bonne conservation, mûrit en décembre-janvier. (*Prevost.*)

BON-CHRÉTIEN DE RANS, *Beurré de Rans* (Poiteau).—Syn.: *Beurré de Rance* (d'Albret), *Beurré Épine*, *Beurré de Flandre*, *Hardenpont du Printemps* (Cat. anglais), *Beurré de Noirchain* (Cat. Wilhelm). — Introduit à Amiens, en 1824, par M. Chevalier, notaire, sous le nom de *Beurré de Pentecôte.*

Ce fruit a été obtenu à Rans, village du Hainault, en 1738, par M. Hardenpont.

Arbre vigoureux, prospérant mieux sur franc que sur cognassier et paraissant peu sujet aux chancres; fruit assez gros en plein vent, très-gros sur l'espalier, parfois turbiné, obtus, plus ordinairement pyriforme; épiderme épais et ferme, vert-jaune herbacé à la maturité, finement marbré et pointillé de gris, chair blanchâtre, demi-fine, fondante; eau très-abondante, sucrée, acidulée et parfumée. Mûrit de janvier en avril.

Cette excellente poire vient très-bien en plein vent; mais il lui faut un endroit abrité, car elle se détache assez facilement. Elle donne également bien en pyramide et espalier, mais une taille trop courte retarderait l'époque de ses premiers produits et les rendrait très-minimes. (*Prevost.*)

BON-CHRÉTIEN NAPOLÉON.—Syn.: *Poire Liart, Poire Médaille, Beurré Napoléon, Bonaparte, Captif Sainte-Hélène, Poire l'Empereur, Charles d'Autriche, Poire Melon, Belle Canaise* (liste d'Albret), *Charles X, Archiduc Charles, Gloire de l'Empereur, Beurré d'Antein, Poire Mabile.* (Cat. Wilhelm.) — Obtenue de semis vers 1808, par M. Liart, jardinier, à Mons (Belgique). M. l'abbé Duquesne, qui en fit l'acquisition, lui donna le nom de Napoléon.

Arbre très-fertile, d'une moyenne vigueur, et que l'on doit greffer sur franc pour espalier à toute exposition, pyramide et haute tige; fruit assez gros, pyriforme, très-obtus, rarement turbiné, affectant la forme d'un Bon-Chrétien d'hiver, moins les bosses ; épiderme lisse, vert, passant au jaune-clair à la maturité, parfois pointillé gris ; chair très-fine, très-fondante, juteuse, sucrée, relevée, souvent délicieuse. Mûrit fin d'octobre et en novembre.

On reproche à ce fruit de manquer de saveur dans les terres argileuses et froides ; mais dans ces sortes de terrains, les meilleurs fruits sont médiocres. (*Prevost.*)

BON-CHRÉTIEN WILLIAMS. — Syn.: *Bartlett de Boston, Barnet's William, Bon Chrétien Barnet's, Williams, de Lavault, Poire Williams.* — C'est sous ce dernier nom qu'un Anglais, résidant au château de la Vallée, nous en apporta des greffes d'Angleterre, en 1826.

Arbre fertile, peu vigoureux sur cognassier; par ce motif, on doit greffer sur franc de préférence, pour pyramide, espalier et haut vent ; fruit gros, turbiné, pyriforme, obtus ; épiderme jaune, marbré rouge-clair d'un côté, finement et irrégulièrement pointillé de gris; chair fine, fondante, jaunâtre, beurrée, sucrée, juteuse et musquée. (Fin d'août.)

Ce beau et bon fruit doit être surveillé à l'époque de la maturité, étant sujet à blettir lorsqu'on le garde trop longtemps. (*Prevost.*)

Le Catalogue anglais de 1842 porte cette poire de deuxième qualité sans doute parce qu'elle passe vite. En faisant la cueille huit à dix jours avant la maturité, le fruit est excellent, surtout celui de plein vent. Un arbre de haute tige, greffé en 1830, rapporte, sous cette forme, de bons fruits très-recherchés et toujours bien vendus. C'est principalement en plein vent que nous engageons à propager cette espèce.

Ce fruit, dit M. Bivort, paraît être originaire de la province de Berkshire (Angleterre); il fut propagé à Londres vers 1770, par Williams, horticulteur.

BONNE DE MALINES ou COLMAR NELIS. — Syn. : *Nelis d'hiver*, *Fondante de Malines*, *Beurré de Malines*, *Bonne Malinoise*. — Obtenue au commencement de ce siècle par M. Nelis, conseiller à la cour de Malines.

Arbre de moyenne vigueur, assez fertile, à cultiver sur franc, pour pyramide et espalier en terre légère et chaude ; ici, en plein vent, le fruit se gerce et tombe ; fruit petit ou moyen, parfois turbiné, mais ordinairement arrondi ; épiderme vert, ombré et maculé de brun, jaunit peu à la maturité ; chair blanc-verdâtre, fine, très-fondante ; eau assez abondante, sucrée et agréablement parfumée. Mûrit de novembre en janvier. (*Bivort.*)

Cette excellente poire est encore peu connue.

BONNE D'EZÉE. — Syn.: *Belle et Bonne d'Ezée*, du nom du village où elle a été trouvée en 1838, par M. Dupuy-Jamain, pépiniériste, à Paris.

Arbre assez vigoureux et fertile, affectant naturellement la forme pyramidale, peu difficile sur le choix du terrain, vient bien en espalier au couchant, sur franc pour certains sols; fruit gros, pyriforme, allongé, ventru, bosselé; peau lisse, vert-pâle, pointillée et finement marbrée, vert et gris-fauve ; chair blanche, très-fine, très-fondante ; eau abondante, sucrée et parfumée.

Ce fruit, de première qualité, mûrit fin septembre et en octobre. (*Société Van Mons.*)

Comme le *Van Mons Léon Leclerc*, l'arbre *Bonne d'Ezée* est sujet aux chancres. Il vit peu sur cognassier, et le fruit n'est de premier mérite que dans les sols chauds et légers.

CONSEILLER DE LA COUR (Bivort), *Maréchal de Cour* (Van Mons). — Obtenue en 1841 par Van Mons, et dédiée par M. Bivort au fils de ce savant, conseiller à la cour.

Arbre vigoureux, se formant bien en pyramide, et assez fertile ; fruit assez gros, turbiné, très-aplati au sommet ; épiderme vert-clair du côté de l'ombre, lavé d'une couleur fauve, très-peu rougeâtre, taché et marbré de rouille, mêlé de nombreux points gris ; chair demi-fine, blanche, fondante, beurrée, ayant quelques grains pierreux autour des loges séminales; eau abondante, sucrée, vineuse, excellente. Cette poire jaunit à peine à l'époque de sa maturité, qui arrive à la mi-octobre. (*Bivort.*)

DÉLICES D'HARDENPONT. — Obtenue en 1759, par M. d'Hardenpont, prêtre séculier, à Mons.

Arbre très-vigoureux, même sur cognassier, formant des pyramides superbes et de beaux espaliers; fruit moyen, irrégulièrement ovale, bosselé, jaune pâle au moment de la maturité; chair blanche, demi-fine, fondante, juteuse, sucrée et légèrement parfumée ; mûrit en octobre et novembre.

Cette excellente espèce réussit bien en haute tige, sa fertilité la rend avantageuse pour le marché ; elle craint les sols froids et humides.

DE TONGRES. — Obtenue, assure-t-on, par M. Durandeau, au village de Tongres.

Arbre d'une vigueur moyenne, à cultiver sur franc en pyramide, espalier et haute tige; fertile ; fruit gros, conique, pyramidal et bosselé sur toute sa surface; épiderme vert-bronzé, passant au jaune foncé à sa maturité; ombré de roux-brun et panaché de rouge au soleil; chair blanche, fine, fondante; eau abondante, sucrée, vineuse, et d'un parfum agréable. Mûrit en octobre. (*Bivort.*)

DOYENNÉ D'ALENÇON. — Syn.: *Doyenné Marbré*, *Doyenné d'hiver nouveau*, *Saint-Michel d'hiver* (Album Bivort).

M. de Liron d'Airoles donne sur l'origine de l'arbre même les renseignements suivants: venu spontanément dans une haie de la ferme de la Ratterie, commune de Cussey, les fruits étaient confondus avec ceux à cidre; ce n'est il y a qu'une quarantaine d'années que M. Thuillier, pépiniériste, à Alençon, le multiplia et le fit connaître. (*Notice Pomologique.*)

Arbre vigoureux et assez fertile qu'il vaut mieux cultiver sur franc, pour pyramide et espalier, excepté au nord; fruit moyen, ovale, turbiné ou arrondi, parfois uniforme, mais plus ordinairement court; épiderme jaune-pâle ou verdâtre, maculé et marbré de gris-roux; chair blanc-jaunâtre, demi-fine, fondante, un peu pierreuse; eau abondante, très-sucrée, parfumée, très-agréable. Mûrit de décembre en mars. (*Prevost.*)

Comme bon fruit de garde, cette variété mérite une place dans tous les jardins.

DOYENNÉ DE JUILLET, DOYENNÉ D'ÉTÉ (Van Mons), *Roi Jolimont.*

Arbre fertile, de moyenne vigueur, qu'il faut greffer sur franc, pour pyramide et haut vent dans les endroits abrités.

L'arbre qui porte ce fruit ne ressemble pas à nos Doyennés; il doit son nom à la forme de son fruit qui est court, turbiné, obtus, muni d'une grosse queue charnue très-courte; œil petit, presque à fleur, sa peau est d'un jaune-clair, luisante, marquée de très-petits points roux dans l'ombre, et souvent lavée et fouettée de rouge faible du côté du soleil; la chair est blanche, demi-fondante, et l'eau très-abondante, sucrée, légèrement acidulée, très-bonne. Mûrit fin de juillet et commencement d'août. C'est la meilleure poire de la saison. (Poiteau, 1834.)

Ce fruit, encore peu répandu, se recommande par son parfum et sa précocité.

Cet arbre donne beaucoup à haute tige, mais comme ses fruits se détachent facilement, il faut garnir le pied de l'arbre de foin ou de paille pour en amortir la chûte.

DOYENNÉ DU COMICE. — Obtenue de semis à Angers, en 1849, dans le jardin du Comice horticole de Maine-et-Loire.

Arbre vigoureux sur cognassier et sur franc, formant de belles pyramides, mais se mettant à fruit tardivement; fruit assez gros, ovale, obtus, en forme de doyenné; peau lisse, assez épaisse, jaune, ponctuée de roux-fauve, et semée de taches de même couleur; se colore de jaune vif à la maturité; chair blanc-jaunâtre, fine et fondante; eau abondante, sucrée, d'un parfum agréable. Mûrit en novembre et décembre. (*J. d'Airoles.*)

Si la fertilité répond à la vigueur de l'arbre, cette variété en sera doublement recommandable.

DUCHESSE D'ANGOULÊME, *Poire de Pézenas* (d'Albret), *des Eparonnais.* — Nom d'une ferme du domaine des Eparonnais, appartenant à M. le comte d'Armaillé, à Chéré (Maine-et-Loire). Le premier produit de cet arbre date de 1819 à 1820. M. d'Armaillé, alors officier supérieur des gardes de Monsieur, en offrit deux corbeilles à Madame la duchesse d'Angoulême qui en accepta la dédicace.

Arbre vigoureux et très-fertile, mais s'épuisant facilement, prospérant bien sur franc et sur cognassier, où il donne des fruits énormes ; formant de belles pyramides, en espalier au levant et au couchant; au midi les fruits deviennent très-beaux, mais pâteux et sans saveur ; fruit gros ou très-gros, ferme et d'un transport facile; irrégulièrement turbiné, obtus, bosselé, vert pâle devenant jaune-marbré et pointillé de gris, parfois légèrement coloré rose du côté du soleil ; chair demi-fine, poreuse, fondante; eau abondante, sucrée et légèrement parfumée, si elle est venue dans les terres légères et chaudes ; elle est fade dans les sols froids et humides. Mûrit en octobre et novembre.

Cette précieuse variété a été mise dans le commerce par M. Audusson père, pépiniériste, à Angers.

EPINE DUMAS. — Syn.: *Belle Epine Dumas, Colmar de Limoges, Dumas de Rochefort, Duc de Bordeaux, de Rochechouart Colmar du Lot, Limousine* (Cat. Wilhelm), *Epine du Rochois.*

Cet arbre fertile se forme bien en pyramide ; il ne manque pas de vigueur, cependant on doit le préférer greffé sur franc pour les terrains où le cognassier ne réussit pas généralement bien ; fruit moyen, turbiné, obtus, parfois ovale, turbiné, lissé, jaune-pâle, pointillé gris et vert d'un côté, rouge-clair, pointillé rouge-foncé du côté du soleil; chair blanche, mi-fine, fondante, juteuse, sucrée, parfumée.

Ce bon fruit, qui se recommande par sa forme agréable et

son beau coloris, mûrit en novembre et décembre.

Il est à craindre que, dans les terrains humides et froids, cette poire manque de saveur ; alors ce n'est plus qu'un fruit médiocre. (*Prevost.*)

FONDANTE DES BOIS. — Syn. : *Belle des Bois*, *Belle de Flandre*, *Beurré Davy*, *Beurré Spence*, *Gros Quessois d'été*, *Brillante*, *Bouche Nouvelle*, *Féodale* (Cat. anglais), *Nouvelle gagnée, à Heuse*, *Poire Tougard* (à Rouen), *Fondante Spence* (Poiteau).

Arbre vigoureux, même sur cognassier, se formant bien en pyramide, et assez fertile, quoique lent à fructifier ; fruit gros, ovale, turbiné, lisse et régulier, jaune et beau rouge clair-vif, ponctué et marbré de gris-fauve; chair fine, beurrée, fondante, sucrée, juteuse, très-agréable. Mi-septembre.

Ce beau fruit, obtenu par M. Fariau, au village de Deftingen près Gand, et découvert par Van Mons en 1816, doit être cueilli avant la maturité pour être fondant; si on le laisse trop avancer, il devient cotonneux. (*Prevost.*)

Cette remarque est applicable à presque tous les fruits d'été.

FONDANTE DE CHARNEU.—Syn.: *Fondante des Charneuses* (Cat. Wilhelm), *Miel de Waterloo* (Prévost), *Duc de Brabant* (Bivort). — On l'appelle aussi *Poire Longipont*, sans doute parce qu'elle a été trouvée par M. Longipont au village de Charneu, province de Liége (Belgique), et introduite en France il y a une trentaine d'années.

Arbre assez vigoureux et fertile, qu'il faut greffer sur franc; il vient mal sur cognassier; à cultiver en pyramide et à haute tige ; fruit assez gros, turbiné, pyriforme, ventru vers l'œil et s'émincissant vers le pédoncule qui est long et recourbé ; épiderme gris-clair, fauve ou roux ; chair blanche, assez fine, fondante; eau abondante, très-sucrée et bien parfumée.

La maturité de ce bon fruit arrive fin d'octobre et en novembre. Il est sujet à se gercer en plein vent, surtout dans les terres compactes. L'arbre est assez fertile. (*Prevost.*)

FONDANTE DE NOEL. Nom donné à ce fruit par le major Esperen, en 1842.—Syn.: *Belle de Noël*, *Bonne de Noël*.—Arbre assez vigoureux et fertile sur cognassier et sur franc, pour espalier, pyramide et haut vent ; fruit petit ou moyen, arrondi en forme de Bergamotte, un peu plus turbiné ; épiderme lisse, verdâtre, légèrement coloré au soleil, marbré et maculé de taches de rouille ou vertes, passant au jaune d'or à la maturité ; chair fine, fondante et d'un parfum exquis, mûrit fin décembre et janvier. (*Bivort.*)

Dans sa Notice historique de 1834, M. Poiteau donne à une des poires nouvelles que Van Mons lui a envoyée sous le n° 1254, gain de 1833, le nom de *Délices de Noël;* il la décrit ainsi : fruit petit, ovale, un peu turbiné, obtus ; peau d'un fond jaune-doré, très-ponctuée de roux et recouverte en partie de cette couleur; chair d'un blanc-jaunâtre, demi-fine, demi-fondante ; eau abondante, sucrée, parfumée, excellente. Mûrit fin décembre.

Si ces deux poires ne font qu'une même espèce, la priorité serait à cette dernière nommée et décrite par M. Poiteau, huit ans avant l'autre.

FONDANTE DU COMICE. — Obtenue au jardin du Comice horticole d'Angers, en 1849.

Arbre peu vigoureux sur coing, qu'il est préférable de cultiver sur franc ; très-fertile pour pyramide et espalier ; fruit assez gros, un peu plus haut que large ; renflé, arrondi vers le calice qui est petit, ouvert et presque caduc ; épiderme fin, lisse, vert très-clair, finement panaché et ponctué de brun ; jaunit à la maturité ; chair fine, très-fondante ; eau abondante, sucrée et parfumée, excellente. Mûrit en octobre. (*Pomologie de Maine-et-Loire.*)

GRASLIN. — Gabriel Bruneau, pépiniériste, à Nantes, ayant trouvé cette variété dans une des propriétés de feu M. Graslin, l'aurait propagée sous ce nom.

Arbre vigoureux ; va bien sur cognassier et sur franc, pour pyramide, espalier et haut vent; fruit assez gros, irrégulier dans sa forme, partagé au sommet par trois gibbosités inégales. La hauteur totale du fruit est de 8 à 9 centimètres sur 6 à 7 de largeur ; épiderme rude, de couleur vert-bronzé du côté de l'ombre, lisse et légèrement coloré du côté frappé du soleil; chair mi-fine, fondante; eau abondante, sucrée et un peu vineuse. Les loges séminales sont entourées de quelques légères concrétions.

Cette bonne variété, qui joint la fertilité à la vigueur, mûrit fin d'octobre. (*J. d'Airoles.*)

JALOUSIE DE FONTENAY-VENDÉE.—Syn.: *Belle Desquerme.*

Cette variété, dont le savant et zélé pomologiste M. d'Airoles, de Nantes, nous a fait connaître l'origine, est venue à Rouchereau, près de Fontenay (Vendée) ; elle fut introduite dans le commerce vers 1840.

Arbre assez vigoureux et fertile, pour pyramide sur franc et sur cognassier ; fruit moyen, pyriforme , ventru vers la base et diminuant vers le pédoncule, qui est court et charnu; épiderme vert, couvert de gris-rouille ou fauve ; chair demi-fine, fondante; eau abondante, sucrée, d'un parfum agréable. Ce bon fruit mûrit fin de septembre. Il doit être entrecueilli.

LOUISE BONNE D'AVRANCHES, *Bergamotte d'Avranches, Louise Bonne de Jersey, Beurré ou Bonne Louise d'Avranches, Bonne de Longueval.*

Arbre très-vigoureux et d'une grande fertilité, prospérant bien sous toutes les formes ; greffé sur cognassier, il s'épuise vite; mieux vaut sur franc ; fruit moyen, turbiné, régulier, allongé, et se terminant en pointe ; épiderme lisse, jaune-verdâtre d'un côté; peau luisante, vert-d'eau, fortement piquetée de sang du côté du soleil ; chair blanche, fine et fondante; eau abondante, sucrée et un peu acidulée, agréablement parfumée. Mûrit fin septembre et en octobre.

Il paraît que cette variété, de qualité supérieure, aurait été obtenue de semis à Avranches, vers 1788, par M. de Longueval, et dédiée à Mme de Longueval sous le nom de *Bonne Louise*, qui est le véritable. Comme ce fruit réunit à un haut point : qualité, beauté, fertililité et rusticité, on ne saurait trop le propager. (*Prevost.*)

MARIE-LOUISE DELCOURT. — Obtenue de semis en 1809, et ainsi nommée par son obtenteur, M. l'abbé Duquesne, de Mons. Ses synonymes sont : *Marie-Louise nouvelle* de V. M. en 1821 et *Van Donckelaar*, par Poiteau en 1834. *Triomphe de la Pomologie* de quelques pépiniéristes.

Arbre d'une vigueur moyenne, ses branches sont grêles, horizontales et légèrement flexibles ; il faut le greffer sur franc, car il pousse peu sur cognassier; vient bien en pyramide, espalier et haut vent; les fruits tiennent parfaitement sur l'arbre; fruit moyen ou assez gros, en cône obtus, renflé à la base, légèrement irrégulier et bosselé, surtout vers le pédoncule qui est gros, long et recourbé; épiderme lisse, piqueté et tavelé de roux passant du vert-clair au vert-jaune à sa maturité; chair blanc-jaunâtre, demi-fine, fondante; eau abondante, sucrée, parfumée sans être musquée.

Cette poire, de toute première qualité, mûrit dès le commencement d'octobre et se prolonge jusqu'en novembre. (*Bivort.*)

C'est un fruit de premier mérite, qu'on ne saurait trop propager.

NEC PLUS MEURIS.—Syn.: *Beurré d'Anjou.*

Obtenue de semis par Van Mons et dédiée par lui à son maître jardinier, Meuris.

Arbre peu vigoureux et assez fertile, poussant peu sur cognassier, mieux sur franc, pour pyramide et espalier; cette dernière forme est préférable; fruit gros, ovale ou turbiné, très-obtus, pédoncule gros, court et charnu; épiderme fin, jaunâtre, pointillé et marbré gris-fauve; chair blanche, fine, fondante, juteuse, vineuse et sucrée; de qualité supérieure.

Cette bonne poire mûrit fin novembre et décembre, parfois un mois plus tard. (*Prevost.*)

La poire décrite et figurée sous ce nom, page 41 de la *Notice pomologique*, 2e édition — 1845 — de M. de Liron d'Airoles, diffère essentiellement de celle-ci, ayant une forme allongée, et le pédoncule mince et long de 30 millimètres.

C'est une erreur qu'il est bon de signaler.

PASSE-COLMAR.—Syn.: *Passe-Colmar épineux*, *Passe-Colmar gris*, *Beurré Colmar gris dit Precel*, *Fondante de Panisel*, *Fondante de Mons*, *Passe-Colmar d'Hardenpont*, *Ananas d'hiver*, *Présent de Malines*, *Marotte sucrée jaune*, *Souveraine*, *Colmar-Souverain*, *Gambier*, *Cellite*, *Colmar-Preuil*, *Passe-Colmar de Vienne*, *Passe-Colmar doré*, *Bergentin* (Cat. anglais).

Arbre moyen, vigoureux, très-fertile, à rameaux effilés; à cultiver sur cognassier et sur franc, suivant les terrains; pour pyramides dans les terres légères et chaudes; de préférence en espaliers qui deviennent magnifiques soit au midi, au levant ou au couchant; fruit moyen ou assez gros, turbiné; épiderme

chair blanche, jaunâtre, demi-fine, fondante, eau abondante, sucrée, d'un parfum des plus agréables. Mûrit dès la fin d'octobre et va jusqu'en novembre.

A l'avantage de réussir parfaitement en haut vent, cette variété réunit celui de produire des fruits constamment sains. Par sa fertilité et sa rusticité, qui n'exclut pas la bonté, il nous semble convenir à la plupart des terrains et aux diverses formes sous lesquelles on cultive le poirier. (*Bivort.*)

TRIOMPHE DE JODOIGNE. — Gain de 1843, obtenu par M. Simon Bouvier, de Jodoigne, près Louvain (Belgique).

Arbre fertile et d'une grande vigueur, vient bien sur cognassier et sur franc, pour haut vent, pyramide et espalier, au levant et au couchant ; fruit gros ou très-gros, turbiné, pyriforme, souvent côtelé vers l'œil; peau lisse, vert-clair, marbré de brun vers le pédoncule et le calice, jaunissant un peu à l'époque de la maturité ; chair blanche, beurrée, sucrée, ne le cédant point au Beurré de Rans pour la saveur. (*Bivort.*)

Ce beau fruit mûrit en novembre et va jusqu'en décembre et janvier, mais il importe de ne pas le laisser trop avancer.

La vigueur de cet arbre, son beau feuillage, et surtout sa fertilité, recommandent sa propagation.

URBANISTE. — Syn. : *Urbanis d'Albret*, *Beurré Picquery*, *Louise d'Orléans* (Cat. Wilhelm), *Beurré Knox* à Boulogne, *Serrurier d'automne*, *Beurré Drapier*, *Veralieu* (Liste du Congrès pomologique).

Cette poire est le premier bon fruit né de semis vers 1820, dans le jardin des religieuses Riches-Claires urbanistes, à Malines, qui, à la suppression des ordres religieux en 1793, passa dans les mains du comte de Coloma, son obtenteur.

Arbre vigoureux, très-rameux, ayant un port pyramidal fort agréable, réussit peu sur cognassier ; greffer sur franc de préférence ; fruit moyen, ovale, obtus ; peau lisse, jaune-herbacé, tavelé de gris-brun ; chair blanche, beurrée, fine, fondante, très-sucrée, agréable. Fin d'octobre.

Ce bel arbre est peu productif ; mais c'est un fruit excellent qu'on peut cultiver à haute tige. Le fruit vient en bouquet et doit être entrecueilli. L'arbre craint les sols froids et humides. (*Bivort.*)

VAN MONS (Léon Leclerc). — Obtenue de semis par M. Léon Leclerc, de Laval, qui la dédia à Van Mons.

Arbre peu vigoureux et de fertilité moyenne, réussissant mal sur cognassier. Il faut le greffer sur franc pour pyramide et espalier. Fruit gros, ovale, pyriforme, très-obtus. Epiderme dur, vert-grisâtre, ou roux ; chair blanche, mi-fine, fondante, eau abondante, sucrée, parfumée, excellente. Mûrit fin octobre et en novembre.

L'arbre étant délicat et sujet à se gercer en plein air, il est préférable de le cultiver en espalier. (*A. Bivort.*)

VAUQUELIN (Poire). — Obtenue de semis par M. Vauquelin-Desmarest, ancien commerçant à Rouen, vers 1835 ; le Cercle pratique d'horticulture et de botanique de la Seine-Inférieure l'ayant reconnue méritante, l'a dédiée à son auteur.

Fruit ordinairement gros, ovale, pyriforme ou turbiné; oblong, obtus, souvent renflé vers le milieu et un peu bosselé; son épiderme est vert et jaunit à la maturité, pointillé et irrégulièrement marbré de gris ; chair demi-fine, fondante, parsemée autour des pepins, concrétions pierreuses, eau abondante, sucrée et parfumée.

La maturité de ce beau fruit commence en novembre et se continue jusqu'en mai. C'est une variété d'autant plus précieuse qu'elle peut se conserver longtemps. (*Bivort.*)

Cet arbre vigoureux et fertile, qu'on peut cultiver sur coing, forme de belles pyramides ; les fruits viennent très-bien en plein air, même à haute tige, mais ils manquent de saveur dans les sols froids.

Variétés spéciales pour Espalier.

BERGAMOTTE CRASSANNE (Duhamel), *Bergamotte de Crésane* (Jardinier solitaire, 1703), *Beurré plat de Laquintinie.*

Sans doute, dit cet auteur, qu'on nomme cette poire Bergamotte à cause de sa chair, et Crassanne à cause de sa forme ; il conviendrait mieux de lui donner le nom de Beurré plat.

Arbre très-vigoureux et assez fertile s'il est convenablement taillé; on doit éviter une taille trop courte, conserver les brindilles entières en les palissant le long des branches; éviter les coupes inutiles à l'époque de la taille et faire les cassements assez longs ; il se greffe sur cognassier et sur franc.

Fruit gros, arrondi, comprimé ; peau d'un gris-verdâtre, tavelée de taches rousses, jaunissant un peu à sa maturité ; chair très-fondante et beurrée ; eau abondante, sucrée, parfumée et relevée d'un peu d'âpreté qui ne déplaît pas. La maturité a lieu fin octobre et novembre. (*Duhamel.*)

Cette excellente variété, estimée de tout le monde, doit être plantée contre un mur à bonne exposition. Dans les années pluvieuses et froides, le fruit est sujet à se fendre, alors il pourrit et tombe avant la maturité. On pourrait en partie éviter cet inconvénient, en plaçant en haut du mur une planche qui garantirait l'arbre de la pluie. Les auvents sont d'ailleurs toujours utiles pour les arbres en espalier, quels qu'ils soient.

BEURRÉ D'AREMBERG (en Belgique), *Orpheline d'Enghien en France.* — Syn. : *Beurré et Colmar Deschamps, Beurré et Délices des Orphelins, Duc d'Aremberg parfait* (Cat. anglais). — Obtenue de semis, vers 1830, par M. l'abbé Deschamps, directeur des Orphelines d'Enghein (Belgique).

Arbre fertile, de vigueur moyenne, qu'il faut cultiver sur franc, en espalier, au midi ou au levant ; très-sensible aux intempéries et sujet aux chancres; fruit moyen ou assez gros, variant beaucoup dans sa forme, ovale, obtus ou turbiné, ou long, pyramidal, obtus ; épiderme vert-marbré et en grande partie couvert de taches gris-roux ou fauves, passant au jaunâtre à la maturité; chair très-fine, fondante; eau abondante, sucrée et délicieusement parfumée. Mûrit en décembre et janvier.

L'arbre qui produit cette excellente espèce s'épuise vite et est susceptible de prendre une écorce galleuse en terre forte ou en plein air; c'est donc à bonne exposition qu'il faut le cultiver. (*Prevost.*)

BEURRÉ GRIS (Duhamel), *Beurré gris, Beurré rouge d'Anjou* du *Jardinier solitaire,* qui en fait deux variétés ; *Isambert (J.*

François 1703), *Beurré d'Amboise, et en Normandie Isambart* (Cat. Forsyth), *Beurré d'Ambleuse et Isambart Lebon* (Cat. anglais).

Ce poirier, du temps de Duhamel, s'accommodait de tous les terrains et de toutes les formes. Cette variété très-vigoureuse et rustique, devenue plus sensible aux intempéries des saisons, exige aujourd'hui un abri; c'est en espalier, contre un mur, au levant ou au couchant qu'il faut la cultiver. Dans les sols froids et humides, l'arbre est sujet aux chancres et à la jaunisse; il se greffe sur cognassier et sur franc.

Le fruit est assez gros, de forme ellitique ou ovoïde, allongée et pointue; il diminue uniformément vers la queue où il se termine en pointe. La peau est fine, unie, verte ou grise, ou frappée de rouge du côté du soleil. Cette différence de couleur ne fait pas trois variétés de Beurré, le vert, le gris, le rouge, comme on le croit communément, c'est un seul et même Beurré, dont la couleur varie suivant le terrain, l'exposition, la culture, le sujet plus ou moins vigoureux ou languissant.

La chair est fine, délicate, fondante, beurrée, sans devenir jamais pâteuse. L'eau est très-abondante, sucrée, relevée d'un aigre-fin très-agréable.

Cette poire, qui mûrit à la fin de septembre et en octobre, est regardée comme une des plus excellentes. (*Duhamel.*)

BEURRÉ D'HARDEMPONT. — Syn. : *Beurré d'Arembert* (en France), *Glou morceau, Beurré d'hiver, de Cambron, Beurré de Kent, Beurré Lombard, Beurré de Cambronne, Hardempont d'hiver* (Cat. Wilhem).

Cet excellent fruit a été gagné par M. d'Hardempont, en 1859.

Arbre vigoureux, surtout dans sa jeunesse, ne réussissant bien à donner des fruits en pyramide que dans les sols très-fertiles et bien abrités ; partout ailleurs, les fleurs, qui sont très-abondantes, nouent difficilement. Les fruits noircissent et tombent de bonne heure ; aussi conseillons-nous de restreindre la culture en pyramide de ce fruit et de le réserver pour l'espalier au levant et même au couchant ; fruit gros, de la forme d'un Bon-Chrétien, mais plus régulier, plus allongé et moins côtelé, renflé vers les deux tiers de sa grosseur, bosselé et rétréci vers l'ombilic ; peau jaune-verdâtre, assez claire, très-unie, fine, lisse et grasse au toucher, rarement colorée au soleil, passant à un beau jaune-vif à sa maturité ; chair très-blanche, extrêmement fine, tassée, beurrée, fondante ; eau suffisante, sucrée et délicieusement parfumée. Mûrit successivement de novembre à la fin de janvier. (*Forney.*)

BON CHRÉTIEN D'HIVER (Duhamel). — Syn. : *Poire d'Angoisse, Poire de Saint-Martin.*

Ce beau fruit, dont on ne connaît pas bien l'origine, remonte à une très-haute antiquité, puisque, suivant une ancienne chronique, il aurait été rapporté de Pannonie (Hongrie), par Saint-Martin, évêque de Tours ; Merlet, et après lui de Laquintinie, jardinier de Louis XIV, la mettaient au premier rang, au-dessus des *Saint-Germain, du Colmar* et autres poires d'hiver connues alors.

Ce poirier se greffe sur cognassier et sur franc ; sur ce dernier, il résiste mieux aux tigres, insectes qui appartiennent au genre *tingis*, qui font beaucoup de tort aux espaliers ; mais il est plus tardif à se mettre à fruit, et le produit est ordinairement moins beau et moins bon ; il vaut mieux le planter sur cognassier au midi ou au levant ; à l'ouest, le fruit reste vert, se crevasse et n'acquiert pas toutes ses bonnes qualités.

Fruit très-gros, pyramidal, tronqué, affectant la forme de coing ; épiderme rude, vert-clair, parfois jaune-citron, coloré de rouge au soleil ; chair ferme, tendre, quoique cassante ; eau assez abondante, sucrée, vineuse et parfumée.

Ce fruit commence à mûrir en janvier et dure jusqu'au printemps ; il est très-recherché en hiver pour l'ornement de la table ; on en fait aussi des compotes parfaites. (*Duhamel.*)

Le Bon-Chrétien d'Auch diffère de celui-ci ; l'arbre est plus délicat et moins fertile ; le fruit se conserve aussi moins longtemps.

COLMAR D'HIVER, *Colmar, poire Manne* (Duhamel). — Syn. : *Colmar d'Auch, Colmar doré* (Cat. anglais).

Dans son *Traité des Arbres fruitiers*, Laquintinie dit que cette poire lui a été envoyée de la Guyenne par un curieux, sous le nom de *Poire Manne. Le Jardinier solitaire* de 1703 la cite comme une des plus excellentes poires d'hiver.

Arbre assez vigoureux, qu'on peut greffer sur franc et sur cognassier dans les terrains où il prospère; mais qu'il faut cultiver en espalier au levant ou au midi; peu fertile dans sa jeunesse; d'un assez bon rapport en vieillissant; fruit moyen ou gros, plus long que rond, plutôt turbiné que pyriforme; souvent on aperçoit sur un des côtés une petite gouttière qui s'étend de la tête à la queue; celle-ci, assez longue, est implantée à fleur du fruit; la peau, très-fine, verte, tiquetée de petits points bruns, jaunit un peu à la maturité; sa chair est fine, beurrée, fondante et sans pierres; elle est douce, sucrée et relevée. (*Duhamel.*)

Cette poire, justement estimée, mûrit en janvier et se conserve jusqu'en mars.

DOYENNÉ D'HIVER.—Syn.: *Beurré de la Pentecôte, Bergamotte de la Pentecôte, Beurré d'hiver de Bruxelles, Doyenné du Printemps, Canning d'hiver, Seigneur d'hiver, Beurré de Pâques, Poire du Pâtre, Beurré Roupé, Fourcroy d'hiver, Merveille de la nature, Pastorale d'hiver* (Cat. anglais).

Arbre très-vigoureux sur franc, faible sur cognassier, mais très-fertile sur ce dernier quand il est dans un bon sol; à cultiver en pyramide ou en espalier au levant et au couchant, les arbres auront plus de durée. En plein air, sur franc, il est peu fertile et ses fruits y deviennent petits, tachés et souvent crevassés; il faut donc éviter de le mettre à haute tige, surtout dans les sols argileux et froids; il prospère peu dans les sols calcaires; fruit gros, ovale, turbiné ou arrondi, de la forme du Doyenné; épiderme jaune-pâle ou verdâtre, maculé et marbré de gris-roux et légèrement teinté de rouge-brun au soleil; chair assez fine, fondante, blanc-jaunâtre, un peu pierreuse autour des pepins; eau abondante, très-sucrée, juteuse et excellente à la maturité, qui arrive en décembre et se prolonge jusqu'en avril. (*Prevost.*)

C'est une espèce qui doit avoir la première place dans tous les jardins.

Selon Van Mons, cette précieuse variété aurait été obtenue au jardin de l'université de *Louvain*, dit des Capucins, vers le milieu du XVIIIe siècle.

DOYENNÉ GRIS (Duhamel). *Doyenné, Roux* (Poiteau).—Syn.:

Doyenné d'automne, Doyenné jaune, Doyenné galeux, Saint-Michel crotté (Cat. anglais), *Saint-Michel gris, Neige grise* (en Anjou).

Ce poirier se greffe sur franc et sur cognassier; arbre assez vigoureux, sain et très-fertile; fait de belles pyramides; gagne peu en espalier. Il demande un terrain sec et chaud, et ne réussit pas dans celui qui est froid et humide; il se met vite à fruits; poire de la forme du Doyenné blanc, mais plus ventrue et un peu moins grosse; pédoncule court et charnu; peau roux-cannelée, dorée d'une teinte très-régulière, et non colorée de rouge au soleil; chair beurrée, fondante, juteuse, très-sucrée, et jamais cotonneuse. Cette poire mûrit à la fin d'octobre, près d'un mois après l'autre Doyenné qui lui est bien inférieur en qualité.

Ce fruit se conservant très-bien, est des plus profitables à cultiver, à cause de son produit abondant et régulier et de la qualité de sa chair; il est très-estimé sur le marché. (*Forney.*)

EPARGNE, *Beau Présent, Saint-Samson* (Duhamel), *de Saint-Samson, Epargne* (J. François, 1703).— Syn.: *Saint-Lambert, Beurré de Paris, de la table des princes, Marrion, Jassol, Cueillette, Grosse cuisse Madame* (d'Albret), *Cuisse Madame Royale* (Cat. anglais).

Arbre vigoureux et fertile, peu propre à la pyramide; en espalier à toute exposition, et à haute tige sur franc dans les terrains secs; fruit moyen en plein vent, assez gros en espalier, très-lisse et de forme irrégulière, long, turbiné et resserré, vers le pédoncule qui est fortement recourbé; peau jaune-verdâtre à la maturité, légèrement marbrée de rouge et de roux; chair fondante, légèrement sucrée et acidulée, assez bonne; fade dans les terrains froids; elle passe vite. Mûrit en août-septembre. (*Duhamel.*)

Cette belle poire d'été, l'une des meilleures de cette saison, citée par le *Jardinier solitaire*, de Laquintinie et Duhamel, demande à être entrecueillie.

JOSÉPHINE de MALINES. — Le major Esperen, de Malines, obtint ce fruit en 1830, et le dédia à son épouse Joséphine Baur.

Arbre peu vigoureux, d'une fertilité moyenne, à greffer sur franc et sur cognassier, pour pyramide, mieux en espalier au levant et au couchant ; fruit petit ou moyen, turbiné, aplati à sa base, un peu plus haut que large ; épiderme lisse, vert-clair, ombré de brun-clair, jaunissant à la maturité ; chair rosée, très-fine, fondante, beurrée ; eau abondante, sucrée et d'un parfum délicat. Mûrit de janvier à mars. (*A. Bivort.*)

Cet excellent fruit doit trouver place dans les jardins d'amateurs, le long d'un mur en espalier.

PASSE CRASSANNE. — Obtenue de semis en 1855, par M. Boisbunel, pépiniériste, à Rouen.

Arbre vigoureux et fertile, se formant bien en pyramide, mais qu'il convient mieux de cultiver en espalier, au levant ; fruit moyen ou gros, arrondi, tronqué, ventru, souvent plus large que haut ; épiderme rude, moucheté et ombré d'un roux très-clair et ponctué de points noirs assez nombreux ; chair jaunâtre, fine, très-fondante ; eau abondante, très-sucrée et bien parfumée. Mûrit en janvier et février. (*Bulletin du Cercle d'hort. de Rouen.*)

Sauf quelques concrétions pierreuses, c'est une très-bonne poire qui sera recherchée lorsqu'elle sera plus connue.

SAINT-GERMAIN, *Inconnue La Fare* (Duhamel). — Merlet, dans son savant *Traité de fruits*, en 1690, donne l'origine exacte de cette variété qui était alors nouvelle. « *Nous devons cet excellent fruit à un sauvageon qui s'est trouvé sur les bords de la petite rivière de La Fare, dans la paroisse de Saint-Germain, près de Lude* » près La Flèche (Sarthe).

Arbre assez vigoureux et formant de belles pyramides ; très-fertile, mais tellement sensible aux intempéries, que, presque partout, depuis un certain temps, on ne peut plus conserver de Saint-Germain en pyramides, les fruits étant tachés, gercés, irréguliers, sujets à pourrir sur l'arbre et à tomber avant la maturité ; c'est donc en espalier, au levant, dans un sol fertile et frais qu'il faut cultiver cet arbre ; il se greffe de préférence sur cognassier, et vient également bien sur franc ; fruit assez gros ou moyen, allongé, turbiné, rétréci vers le calice et légèrement renflé vers le centre et sur un côté ; peau épaisse, verdâtre ou jaunâtre, avec de grandes taches grises ou roussâtres ; chair blanc-verdâtre, sucrée et agréablement acidulée, ne mollissant jamais. On trouve quelques concrétions autour du trognon, principalement dans les terrains secs.

Le Saint-Germain commence à mûrir en novembre, il s'en conserve jusqu'en avril; il est très-estimé sur le marché, comme fruit de garde. (*Forney.*)

POIRIERS. — SECONDE SÉRIE.

Fruits à couteau.

ALEXANDRINE DROUILLARD. — Obtenue, en 1852, par M. Drouillard jeune, de Nantes.

Arbre vigoureux, propre à la pyramide et au plein vent, très-fertile ; fruit assez gros, ou moyen, turbiné, oviforme ; épiderme roux-fauve ; chair blanche, fine, fondante ; eau suffisante, sucrée et bien parfumée. (*A. Bivort.*)

Ce beau fruit, qui malheureusement est sujet à blettir, mûrit en octobre.

ARBRE COURBÉ (Van Mons). — Syn. : *Amiral.*

Cette variété, qui appartient aux semis de M. Van Mons, a été trouvée vers 1830. Le savant professeur lui a donné ce nom en raison de ce qu'elle pousse presque toujours horizontalement, et que le secours d'un tuteur lui est nécessaire pour la maintenir dans la ligne verticale.

L'arbre greffé sur franc étant fertile, il faut le greffer sur ce sujet, de préférence au cognassier sur lequel il est difficile à conserver; étant peu propre à la pyramide, il vaut mieux le cultiver en espalier au couchant ou en haute tige où il fructifie beaucoup; fruit moyen ou gros, ovale, pyriforme, ventru, aminci aux deux extrémités et bosselé sur toute sa surface ; épiderme vert-clair, largement ponctué et marbré de gris-brun; chair d'un blanc-verdâtre, demi-fine, demi-beurrée, très-fondante, sucrée et d'un arôme peu prononcé. Mûrit en octobre. (*A. Bivort.*)

Cette bonne espèce, qui prospère bien partout, est précieuse comme arbre de plein vent.

BELLE SANS PEPINS, *Belle de Bruxelles*, *Belle d'août*, *Grosse Bergamotte d'été sans pepins*, *Fanfareau et Crassanne des paysans*. — Arbre vigoureux et fertile, prospérant bien en plein air et en pyramide, jaunissant dans les terrains calcaires, lorsqu'il est greffé sur cognassier; fruit gros, large, ordinairement aplati, lisse, vert-pâle, devenant jaunâtre avec marbrures vertes, couvert de petits points gris-foncé, quelquefois fouetté rouge-pâle d'un côté; chair demi-fine, tendre, demi-fondante; eau très-sucrée, peu abondante.

Il faut cueillir cette belle poire un peu avant sa maturité et la manger aussitôt qu'elle devient odorante; si on la laisse mûrir sur l'arbre, son eau a moins de saveur et sa chair devient pâteuse. Sa maturité a lieu fin septembre et en octobre elle succède au Beurré d'Amanlis. (*Prevost.*)

Cette recommandation est applicable à tous les fruits d'été.

BERGAMOTTE CADETTE (Duhamel), *Poire Cadet* (J. François, 1703), *Bergamotte Beauchamps* (Cat. anglais), *Beurré Beauchamps*, *Beurré Biemont* (De Bavay), *Bergamotte Buffo*, *Bergamotte Crapaud.*

Arbre vigoureux et très-fertile, se greffe sur franc et sur cognassier, pour pyramide et espalier au couchant; fruit moyen, turbiné ou arrondi; l'œil bien ouvert est placé dans un aplatissement; le pédoncule assez gros est implanté dans un enfoncement très-peu creusé, et souvent recouvert d'une petite bosse à sa naissance; sa peau se teint légèrement de rouge du côté du soleil et jaunit à sa maturité; sa chair et l'eau sont bonnes et faiblement acidulées.

Cette poire mûrit en octobre; pour peu qu'elle soit avancée, elle devient cotonneuse. (*Duhamel.*)

BERGAMOTTE D'ÉTÉ, MILAN DE LA BEUVRIÈRE (Duhamel), *Bergamotte d'été*, *Milan d'été* (Jardinier Solitaire, 1703), *de Beuverière*, *Bon Micet d'été* (J. François, 1703), *Bergamotte de Hamdem* (Forsyth), *Mouille bouche d'été*, *Franc-Réal d'été* (d'Albret), *Milan blanc*, *Fondante d'été* (Cat. anglais), *Beurré vert*, *Beurré d'été* (Dubreuil), *Girardine.*

Arbre robuste et fertile, qu'on peut greffer sur franc et sur cognassier, pour pyramide et de préférence en haute tige; fruit moyen, turbiné, en forme de Bergamotte; peau rude, d'un vert-gai, tiquetée de fauve, parfois lavée d'une légère teinte rousse du côté du soleil; chair demi-beurrée, demi-fondante, sujette à cotonner si le fruit n'est cueilli un peu vert; son eau, sans être relevée, a un aigre-fin assez agréable.

Cet ancien fruit mûrit au commencement de septembre. (*Duhamel.*)

BEURRÉ BOISBUNEL. — Ce fruit, dont le premier rapport date de 1846, provient d'un semis fait en 1834 et 1835, par M. Boisbunel, pépiniériste, à Rouen.

Arbre vigoureux et fertile sous toutes les formes; fruit petit ou moyen, venant par trochets de cinq à six; turbiné, aplati à sa base, renflé au milieu, vert-jaunâtre partout, jaunissant à sa maturité, pointillé de gris, maculé de taches brunes roussâtres; chair blanche, fine, fondante, beurrée, juteuse, sucrée, parfumée et d'un goût délicat. Sa maturité arrive dans la dernière quinzaine de septembre. (*Boisbunel.*)

BEURRÉ BRETONNEAU. — Syn. : *Calebasse d'hiver* (à Bordeaux), *Triomphe de Louvain* (Prevost), *Léon Leclerc de Louvain* (Poiteau). — Gain attribué au major Esperen, dédié par un de ses amis au docteur Bretonneau, de Tours, en 1846.

Arbre vigoureux sur franc et naturellement pyramidal, assez fertile pour pyramide et espalier au midi ou au levant; fruit gros, très-inconstant dans sa forme, le plus souvent pyriforme allongé, toujours rétréci vers le pédoncule; épiderme rude d'un vert-clair, passant au jaune-d'or à la maturité, lavé de brun-rougeâtre du côté du soleil; chair blanc-jaunâtre, tendre, demi-fondante, sucrée et parfumée. Mûrit de décembre à février. (*Bivort.*)

Ce beau fruit doit être placé à une exposition chaude et se cueillir tard; il n'est pas toujours de première qualité.

M. Poiteau donne de la poire Léon-Leclerc de Louvain, gain de 1825, envoyée par Van Mons en 1833, une description de laquelle celle de M. Bivort diffère peu.

Fruit gros, ovale-oblong, un peu renflé, ayant le ventre vers le milieu de sa longueur, rétréci beaucoup et d'une manière obtuse vers la queue, qui est assez grosse et longue d'un pouce; peau d'un beau jaune dans l'ombre, lavée et fouettée de rouge sombre du côté du soleil; chair d'un blanc-jaunâtre, demi-beurrée; eau abondante, sucrée, très-bonne. Mûrit fin novembre. (*Poiteau.*)

Quoi qu'il en soit, la Léon Leclerc de Louvain que nous

avons reçue, en 1844 de M. de Maraise, et portée au n° 51, page 12, du *Catalogue général des Poiriers*, publié par notre Société en 1855, est la même que le *Beurré Bretonneau*.

BEURRÉ CAPIOMONT. — Syn. : *Beurré Aurore.*— Obtenue de semis, en 1787, par M. Capiomont, pharmacien, à Mons.

Arbre assez vigoureux et extrêmement productif, prospérant sur cognassier dans les terrains substantiels, mais qu'il vaut mieux greffer sur franc ; fait de belles pyramides, et convient parfaitement en haute tige, et est, par conséquent,propre aux vergers; ses fleurs résistent aux gelées printanières, c'est ce qui assure des produits abondants; fruit moyen, turbiné et pointu vers le pédoncule; peau gris-fauve, roux-doré, nuancée aurore, souvent rouge d'un côté ; chair fine, blanche, fondante, ferme, peu juteuse, sucrée, d'un goût agréable, bonne crue, excellente cuite. Mûrit en octobre. (*Prevost.*)

BEURRÉ D'ALBRET, gain de Van Mons, remontant à 1833. — Syn. : *Fondante d'Albret.*

Arbre qu'on dit fertile; fruit turbiné, ventru, se rapprochant beaucoup pour la forme et le volume de notre Epine d'été ; queue assez grosse, longue de 9 à 10 lignes ; œil à fleur à divisions larges et courtes ; peau d'un vert-clair, finement ponctuée de gris et marquée de quelques taches de cette couleur, jaunissant un peu à la maturité ; chair d'un blanc-jaunâtre, demi-fondante, quoique un peu pierreuse autour des loges ; eau assez abondante, sucrée, parfumée, excellente. Mûrit en octobre et novembre.

J'attache à cette poire, dit M. Poiteau qui l'a décrite, le nom de M. d'Albret, chef de l'Ecole des Arbres fruitiers au Jardin des Plantes, et auteur d'un excellent ouvrage sur la taille des arbres fruitiers. (*A. Poiteau*, 1834.)

BEURRÉ D'ANGLETERRE (Duhamel), *Poire d'Angleterre*, *Bec d'Oie* (J. François, 1703), *Angleterre des Chartreux* (Cat. anglais), *Poire d'Amande*, *Poire des Finois* (à Evreux), *Poire anglaise*, *Saint-François*.

Bel arbre pyramidal très-cultivé; ce poirier, qui ne se greffe que sur franc, manque rarement de donner du fruit. Poire de moyenne grosseur, de forme ovoïde, allongée et pointue vers la queue, qui est mince, longue, courbée et plantée à fleur du fruit; peau rude, gris-vert-clair, tiquetée de roux; demi-beurré, fondante ; eau abondante, relevée, d'un goût très-agréable.

Cette bonne poire, qui vient en plein vent, mûrit à la fin de septembre, mais elle mollit vite. (*Duhamel.*)

BEURRÉ D'APREMONT.—Syn.: *Beurré Bosc, vrai Bosc* (Van Mons), *Calebasse Bosc* (Poiteau).

Le fruit en question est figuré en calebasse à ventre renflé, haut de 4 à 6 pouces, pendu à une queue assez grosse et longue souvent de 18 lignes ; son œil est ouvert, nu, placé presqu'à fleur ; la peau est lisse, d'un fond jaune, recouverte presque partout d'une couleur fauve-rousse, également lisse, et marquée de points plus denses en couleur ; la chair est jaunâtre, demi-fine, demi-fondante ; son eau est assez abondante, très-bonne, savoureuse, ayant quelque chose du Messire-Jean.

Cette poire, que l'on croirait cassante quand on la mange avant sa maturité, mûrit fin octobre. Elle est excellente dans les sols chauds et légers. (*Poiteau.*)

Je me suis rappelé, dit M. Poiteau, qu'il y a trente ans, j'avais dégusté dans la pépinière de M. Noisette le fruit d'un jeune arbre qu'il venait de recevoir de la Flandre, parfaitement identique avec ceux que M. Van Mons m'a envoyés en 1833.

Arbre fertile à cultiver sur franc en haute tige ; rapport tardif.

BEURRÉ DE NANTES.—Syn. : *Beurré Nantais, Beurré blanc de Nantes.*— Obtenue par François Maisonneuve, horticulteur, à Nantes.

Arbre très-fertile, assez vigoureux sur cognassier, se formant bien en pyramide, très-avantageux en haute tige où il se met vite à fruit ; fruit moyen, allongé ; peau fine, vert-pâle ou jaunâtre ; chair demi-fine, très-tendre, demi-fondante ; eau douce, sucrée, généralement peu abondante. Mûrit fin de septembre.

C'est une assez bonne poire, qui se détache au moment de la maturité. On obvie à cet inconvénient en récoltant le fruit quelques jours à l'avance ; il n'en sera que meilleur.

BEURRÉ DUVAL.—Syn. : *Belle Henriette* (à Rouen).—Cette variété a été trouvée parmi divers semis, dans le Hainault, par M. Duval, son inventeur, à une époque qui est antérieure à 1823.

Arbre vigoureux, à bois gros et raccourci, qui se comporte également bien sur franc et sur cognassier et paraît fertile ; fruit assez gros, tantôt pyramidal, tantôt ovale, allongé, toujours obtus; épiderme lisse, vert-clair, passant au jaune-citron à la maturité, coloré de rouge-vif au soleil, marbré de fauve et de brun noir ; chair blanc-jaunâtre, très-fine, beurrée, fondante ; eau abondante, sucrée et bien parfumée ; quelques concrétions pierreuses se trouvent autour du trognon, mais n'ôtent rien à son mérite. (*Bivort.*)

Cette excellente variété, qui réussit sous toutes les formes, mûrit fin d'octobre et en novembre.

BEURRÉ HARDY. — Vers 1830, M. Bonnet de Boulogne-sur-Mer, pomologiste zélé, ami et correspondant du savant Van Mons, donna à M. Jamain, pépiniériste, deux jeunes égrins de ses semis ; un de ces arbres planté à Bourg-la-Reine y fructifia et son fruit fut dédié à M. Hardy, du Luxembourg.

Arbre très-vigoureux, même sur cognassier ; formant de belles pyramides ; il convient aussi en haute tige pour verger; fruit assez gros, pyriforme et régulier, tronqué aux extrémités ; peau bronzée, jaunâtre, teintée de gris; chair blanche, assez fine, juteuse, sucrée et agréablement aromatisée. (*Forney.*)

Ce nouveau fruit d'amateur, très-rustique, mais dont la fertilité laisse à désirer, mûrit en octobre. Il mollit vite.

BEURRÉ MILET. — Obtenue de semis dans le jardin du Comice horticole, à Angers (Maine-et-Loire) et dédié, en 1849, à M. Millet, président de cette Société, qui en a donné la description.

Arbre vigoureux, même sur cognassier, pour pyramide et haut vent; recommandé sous cette dernière forme à cause de sa fertilité; fruit moyen, presque aussi large que haut; peau fine, roussâtre, fortement semée de petits points roux et lavée de quelques taches carminées, jaunit beaucoup à la maturité; chair blanchâtre, beurrée, fine et fondante ; eau abondante, sucrée, vineuse et légèrement acidulée. Mûrit de novembre à janvier. (*J. d'Airoles.*)

BEURRÉ DE RACQUINGHEM (à Boulogne), *Bergamotte condorcienne, Poire-Pomme.* — Ce nom lui convient plus particulièrement à cause de sa forme.

Arbre vigoureux, formant de belles pyramides et de hautes tiges superbes ; fruit moyen ou assez gros, arrondi, parfois plus large que haut, ayant généralement la forme d'une pomme; épiderme vert, marbré de gris-rouge du côté du soleil ; chair fine, très-fondante ; eau abondante, sucrée, parfumée, très-abondante.

Cette excellente poire mûrit à la fin d'octobre et se conserve jusqu'en décembre, de sorte qu'on peut en manger pendant deux mois.

Ce bel arbre, généralement cultivé à haute tige, est lent à produire ; une taille longue est donc nécessaire pour le faire fructifier;greffer sur franc. (*Prevost.*)

BEURRÉ SUPERFIN (Goubault). — Due aux semis de M. Goubault, ancien pépiniériste, à Angers; son premier rapport a eu lieu en 1844.

Arbre assez vigoureux sur cognassier, mieux sur franc, sur lequel il forme de belles pyramides ; vient bien à haute tige ; il est modérément fertile ; fruit assez gros, turbiné, irrégulier, ventru; pédoncule, gros, charnu, placé un peu de côté en tête du fruit; épiderme lisse, jaune-clair, complètement semé de points gris-roux, et rayé de brun-rouge au soleil; chair très-fine, jaunâtre, beurrée ; eau sucrée, acidulée et bien parfumée. Mûrit fin de septembre. (*Pomologie de Maine-et-Loire.*)

Cette excellente variété vient très-bien en plein vent, avantage que n'ont pas beaucoup d'autres, mais le fruit se détache facilement.

BEZI DE CHAUMONTEL, *Beurré d'hiver* (Duhamel), *Bezi Chaumontel* (J. solitaire 1703), *Beurré Chaumontel* de quelques-uns.

Arbre assez vigoureux, à bois divergent, qu'on peut greffer sur franc et sur cognassier; se formant mal en pyramide, qu'il est préférable de cultiver en espalier au midi ou au levant ; fruit gros, ovoïde, ou pyriforme, mais ayant le plus souvent une forme indéterminée; épiderme rude, couvert de rouille , coloré de rouge-brun au soleil, quelquefois jaunâtre tavelé de gris ; chair demi-beurrée, fondante ; eau sucrée, relevée, un peu acidulée ; elle a souvent quelques petites pierres autour du trognon.

Cette poire de 1re ou 2e qualité, mûrit en décembre et janvier; elle est mauvaise dans les sols froids et humides; à haut vent, c'est souvent un fruit à cuire, surtout quand il est petit.

D'après Duhamel, cette poire porte le nom du village où elle est née ; l'arbre mère qui avait près de cent ans existait encore en 1765.

BEZY DE SAINT-VAASM. — Syn.: *Bezi de Waet, Beurré Beaumont d'hiver.*

Arbre assez vigoureux sur franc, peu sur cognassier ; prospérant bien en plein air et sous toutes les formes, excepté à haute tige dans les terres froides et mal exposées, où les fruits sont sujets à se tacher et tomber avant la récolte, ou bien se gâtent après leur rentrée au fruitier; fruit moyen, turbiné ou arrondi, forme de Doyenné, jaune-pâle d'un côté, roux-brun de l'autre ; chair assez fine, fondante, ayant quelques concrétions pierreuses autour du trognon ; eau abondante, sucrée, parfumée, agréable. Mûrit en décembre et janvier. (*Prevost.*)

Si l'arbre est planté dans un terrain humide ou froid, le fruit reste vert et ne jaunit point; alors c'est un mauvais fruit.

BOUVIER BOURGMESTRE (Bouvier Simon), obtenteur ; premier rapport en 1842.

Arbre d'une vigueur moyenne, à bois fléxueux, qu'il faut greffer sur franc, pour pyramide et espalier ; fruit moyen ou gros, pyriforme, ventru, allongé ou pyramidal ; peau vert-clair, pointillée et tachée de couleur fauve, jaunissant à la maturité ; chair blanche, demi-fine, demi-fondante : eau sucrée, suffisante et agréablement parfumée.

Les concrétions pierreuses qui entourent le trognon lui ôtent beaucoup de son mérite. Sa maturité a lieu en novembre. (*A. Bivort.*)

CHARLOTTE DE BROUWER (Esperen). Sa première production date de 1836.

Arbre d'une vigueur moyenne, très-fertile, qu'il faut greffer sur franc, pour pyramide et haut vent ; fruit moyen, ovale, arrondi ; épiderme jaune-d'or à la maturité, ponctué et ombré de roux ; chair fine, fondante, ayant dans les sols légers une teinte rose très-prononcée ; eau abondante, sucrée, d'un parfum agréable. Mûrit fin octobre. (*A. Bivort.*)

Sa fertilité le rend éminemment propre à la culture des vergers.

COLMAR BONNET (Van Mons). Gain de 1821. Van Mons a dédié cette poire à M. Bonnet, pomologiste, à Boulogne-sur-Mer.

Arbre de moyenne vigueur, très-fertile, qu'il faut greffer sur franc, pour pyramide et haut vent. Ce fruit moyen, un peu allongé, atténué vers la queue et ventru vers la tête, varie peu dans sa forme ; la queue est assez grosse, oblique ou courbée ; l'œil est à fleur ; peau lisse, devenant d'un beau jaune, pictée de petits points roux, et quelquefois marquée de taches de même couleur ; chair blanche, demi-fine, fondante ; eau peu abondante, sucrée, relevée, fort bonne. Mûrit en septembre et octobre. (*A. Poiteau.*)

Plus recommandable à cause de son volume que le Colmar d'été.

COLMAR D'AREMBERT KARTOFFEL (Van Mons). — Syn.: *Fondante de Jaffart* (Dubreuil).

Arbre fertile, se formant bien en pyramide, peu vigoureux sur cognassier, excepté dans les terrains qui conviennent à ce sujet ; mieux sur franc ; fruit gros, court, turbiné, rarement pyriforme, obtus ; épiderme fin et lisse, jaune-herbacé, pointillé et marbré de gris fauve ou roux ; chair fine, fondante ; eau abondante, très-sucrée, parfumée.

Ce beau fruit, qui mûrit en octobre et novembre, est de 1re qualité s'il est mangé à temps.

Quand cet arbre est greffé sur cognassier, il convient de le tailler court pour l'empêcher de s'épuiser. (*Prevost.*)

COMTE DE FLANDRE. — Obtenue par Van Mons en 1843 et dédié à son Altesse Royale le comte de Flandre.

Arbre d'une vigueur moyenne, pour pyramide sur franc et espalier; fruit gros, pyriforme, pyramidal; épiderme vert-clair, fortement maculé de roux et de pourpre au soleil; chair blanche, fine, fondante, demi-beurrée; eau assez abondante, sucrée, d'un parfum délicieux. Mûrit en novembre et décembre. (*Bivort.*)

L'arbre est d'une fertilité qui laisse à désirer. Le fruit se détache facilement.

DÉLICES DE LOUWENJOUL (Van Mons). — Syn. : *Jules Bivort*. Ce fruit est dû aux semis du professeur Van Mons.

Arbre fertile, d'une vigueur moyenne, qu'il faut greffer sur franc pour haut vent, pyramide et espalier au couchant; fruit assez gros, ovale, obtus aux deux bouts; forme de Doyenné; épiderme lisse, vert-obscur, ponctué de brun et ombré de fauve, légèrement coloré au soleil; chair blanche, jaunâtre, fine, fondante, demi-beurrée; eau abondante, sucrée, vineuse et d'un parfum agréable. Elle mûrit à la fin d'octobre. (*Bivort.*)

C'est un bon fruit qui vient bien partout et sous toutes les formes.

DES DEUX SOEURS. — L'arbre même se trouvant dans le jardin des demoiselles Knoop, de Malines, M. Esperen lui a donné le nom des *Deux-Sœurs*.

Arbre vigoureux, pyramidal, d'un aspect superbe et fertile, à cultiver sur franc ; vient bien sous toutes les formes; fruit gros, pyramidal, ventru; il nous paraît procéder du Saint-Germain et de la Calebasse, côtelé et bosselé vers l'œil; épiderme vert-clair, maculé de brun-noir, ombré de brun autour du pédoncule, jaunit un peu à la maturité; chair fine, vert-jaunâtre, demi-fondante, beurrée; eau suffisante et sucrée ayant un goût prononcé d'amende et de noisette. Mûrit en septembre et octobre. (*Bivort.*)

Les fruits de plein vent ont l'avantage de ne pas se détacher facilement; il faut se garder pourtant de les laisser mûrir sur l'arbre, car alors ils perdent une bonne partie de leurs qualités.

DOCTEUR GALL (Van Mons). Gain de 1823 ou 1824. *Poire Gall* (Poiteau).

Arbre de vigueur moyenne, à greffer sur franc, pour pyramide, espalier et haute tige, fertile ; fruit moyen, pyramidal, obtus, arrondi à la base ; épiderme jaunâtre, pointillé et marbré de gris-roux ; chair blanche, fine, fondante ; eau abondante, sucrée et parfumée, exquise. La maturité de ce bon fruit, qui d'abord avait lieu fin de novembre, arrive actuellement dans la dernière quinzaine d'octobre ; il se détache facilement.

DOYENNÉ BLANC. *Saint-Michel, bonne Ente* (Duhamel), *Automne Beurré, Poire de Limon, Poire Neige, Poire de Seigneur, à courte queue, Monsieur, Citron de Septembre, Valencia, Beurré du Roi, Beurré anglais, Muscat d'automne* (Cat. anglais). Dans le *Jardinier François* de 1703, elle porte le nom de *Doyenné Saint-Michel, Poire de Monsieur.* Ce très-ancien fruit n'en est pas moins estimé sur nos marchés.

Arbre assez vigoureux, même sur cognassier, à cultiver en pyramide; en espalier, ses fruits deviennent plus gros, mais ils manquent de saveur. Il se met promptement à fruits, mais il s'épuise vite par excès de fécondité ; fruit assez gros, ovale, arrondi, régulier, diminuant légèrement vers le pédoncule qui est gros, très-court et charnu ; peau d'un beau jaune-citron, légèrement pointillée de roux, et colorée d'un beau rouge-vif au soleil ; chair blanche, fine, fondante, très-juteuse, douce, sucrée et légèrement parfumée; de première qualité, mangé à point ; trop avancé il devient cotonneux. Pour le manger bon, il faut cueillir le Doyenné encore vert et le laisser mûrir au fruitier. (*Forney.*)

Depuis quelques années, cette variété ne vient plus en plein vent, l'arbre est galeux et chancreux, ses fruits se fendent et se gercent surtout dans les sols humides et froids. Mûrit fin septembre et en octobre.

DOYENNÉ BOUSSOCH. — Syn. : *Nouvelle Boussoch, Double Philippe, Beurré de Mérode, originaire de Belgique.*

Arbre vigoureux, de fertilité moyenne, ayant un peu le port et l'aspect du Beurré Diel, formant, comme ce dernier, de belles pyramides, surtout greffé sur franc ; fruit gros, ovale, turbiné, très-obtus, affectant la forme du Beurré Diel; épiderme jaune-pâle, pointillé de gris-roux, et parfois légèrement coloré; chair blanche, mi-fine, fondante; eau peu sucrée et pourtant agréable. Mûrit fin septembre.

Ce très-beau fruit est de qualité variable; il est très-bon lorsqu'il est cueilli avant sa parfaite maturité et mangé à point; il est cotonneux et sans saveur si on le laisse trop mûrir. (*Prevost.*)

DOYENNÉ DEFAIS.— Gain de 1838 obtenu par M. Defais, à Angers (Maine-et-Loire).

Arbre fertile, assez vigoureux, prospérant bien sur cognassier et sur franc, pour pyramide, espalier et haute tige; fruit moyen, de la forme du Doyenné blanc; épiderme vert-clair, taché et ponctué de brun-clair, jaunissant à l'époque de la maturité; chair fine, mi-fondante; eau abondante, sucrée et d'un goût fin. Mûrit fin octobre et novembre.

Cet arbre, d'un bon rapport, sera cultivé avantageusement dans les vergers.

DOYEN DILLEN. — Il provient des semis de Van Mons; gain de 1843, dédié par les fils de Van Mons au doyen Dillen, l'un de leurs ancêtres.

Arbre assez fertile, d'un beau port, réussissant sur cognassier comme sur franc, pour haut vent et pyramide; fruit moyen ou gros, oviforme, pyramidal, obtus par les deux bouts; épiderme rude, vert-clair, maculé et ponctué de brun, jaunit fortement à sa maturité; chair demi-fine, semi-fondante; eau abondante, sucrée, assez bien parfumée; elle est un peu pierreuse autour du trognon. Mûrit en octobre et novembre. (*Bivort.*)

Pour que ce fruit acquière toutes ses qualités, il faut le récolter avant sa complète maturité. Il serait de premier ordre s'il ne blettissait trop promptement.

DOYENNÉ GOUBAULT. — Obtenue de semis, en 1843, par M. Goubault, pépiniériste, à Angers (Maine-et-Loire).

Arbre de vigueur moyenne, faible sur cognassier, qu'il faut greffer sur franc pour pyramide et espalier, au levant dans un sol chaud et léger; très-fertile; fruit moyen, en forme de Doyenné; peau rude, jaune, presque couverte de roux-fauve, qui s'éclaircit à la maturité; chair jaunâtre, fondante ; eau suffisante, peu parfumée. Ce fruit mûrit en novembre et se prolonge jusqu'en janvier. (*J. de Liron d'Airolles.*)

Dans nos contrées, surtout dans les sols froids, cette poire est sans saveur.

DOYENNÉ PICARD. — Gain de 1857, provenant d'un semis fait, en 1846, par M. Lefèvre-Boistelle, propriétaire, à Amiens.

Arbre assez vigoureux et d'une grande fertilité en haut vent, ayant le bois, le feuillage et le fruit du Doyenné roux ; ce fruit délicieux n'a pas l'inconvénient des autres Doyennés, le bois en est sain, tout-à-fait exempt de chancre. Il mûrit fin d'août, première qualité.

Cette variété, qui est encore à l'état de sauvageon, est une précieuse acquisition pour la culture en plein vent. (*Douchin.*)

DOYENNÉ SIEULLE. — *Poire Sieulle*, née d'un semis fait, avant 1815, par M. Sieulle, jardinier de M. le duc de Choiseul, à Praslin.

Arbre vigoureux et fertile, prospérant sur cognassier et sur franc, et venant bien sous les diverses formes qu'on impose aux arbres fruitiers; fruit moyen, ovale ou irrégulièrement arrondi, jaune-citron, maculé de points verdâtres et gris, parfois un peu rosé d'un côté; chair demi-fine, demi-fondante ; eau douce et sucrée, très-agréable. Mûrit en octobre et novembre. (*Prevost.*)

Cette variété, d'un bon rapport à haute tige, est de première ou de deuxième qualité, suivant la nature du sol.

DUC DE NEMOURS. — Provient d'un semis de M. Bouvier, de Jodoigne ; précédemment dédié au célèbre peintre Navez, de Bruxelles, sous le nom de *Colmar Navez*. Ce n'est qu'en 1846 que M. Bouvier lui a donné de nom de *Duc de Nemours*.

Arbre d'une bonne vigueur, même sur cognassier, affectant naturellement la forme pyramidale, assez fertile lorsqu'il a acquis un certain âge. Le fruit, réuni en trochet de trois à quatre, est moyen, pyriforme, quelquefois turbiné, ou ovale arrondi ; épiderme fin, lisse, vert-herbacé, légèrement ponctué de roux-brun ; chair demi-fine, demi-beurrée, fondante; eau assez abondante, sucrée, parfumée, sans être musquée. Mûrit en octobre; il faut l'entrecueillir. (*Bivort.*)

Ici le fruit est peu savoureux.

ESPÉRINE (Van Mons). — Cette belle variété a été obtenue par Van Mons, vers 1830, et dédiée au major Esperen.

Arbre peu vigoureux, très-fertile, que, pour cette raison, nous conseillons de cultiver en pyramide sur franc; fruit assez gros, pyriforme, allongé, parfois calebassé; épiderme lisse, vert-clair, passant au jaune-clair à la maturité, ombré, strié et maculé de roux-fauve, coloré du côté du soleil; chair blanche, fine, fondante, demi-beurrée ; eau suffisante, sucrée et parfumée : mûrit en octobre. (*Bivort.*)

C'est une très-jolie poire, plutôt de deuxième que de première qualité.

La *Poire Pie IX*, qui est aussi très-belle, n'a pas non plus les qualités qu'un nom aussi vénéré pourrait faire supposer.

FERDINAND DEMEESTER. — Syn.: *Colmar Demeester*, *Rousselet Demeester*, *Passe-Meuris*. — Obtenue en 1822 par le professeur Van Mons et dédiée par lui à son jardinier, Ferdinand Demeester.

Arbre assez vigoureux et fertile, sur franc et sur cognassier, se formant difficilement en pyramide, mieux en haute tige et espalier; fruit moyen ou gros, ovale, très-ventru ou pyriforme, turbiné; épiderme vert-clair, lisse ponctué et marbré de roux, légèrement coloré au soleil, passant au jaune à la maturité; chair blanc-jaunâtre, demi-fondante, un peu grenue; eau abondante, sucrée et bien parfumée. Mûrit dans la première quinzaine de septembre. (*Poiteau.*)

Ce bon fruit mérite d'être multiplié, surtout à haute tige. Entrecueillir.

FIGUE D'ALENCON.—Syn.: *Figue d'Hiver*, *Bonnissime de la Sarthe*, *Figue de Naples*, *Comtesse de Frenol.*

Arbre vigoureux, de forme pyramidale, propre au, plein-vent; fruit oblong ou irrégulièrement pyramidal ordinairement obtus et bosselé, se rétrécissant insensiblement vers le pédoncule, et présentant ainsi la forme d'une figue longue, d'où probablement son nom; épiderme vert-clair, maculé et marbré de gris ou entièrement gris-brun, souvent coloré de rouge-obscur du côté du soleil; chair assez fine, fondante; eau abondante, très-sucrée et parfumée. Mûrit de novembre en décembre.

Cette variété se recommande par sa vigueur et par les

bonnes qualités de ses fruits qui mûrissent à une époque à laquelle beaucoup de bonnes poire sont déjà disparu. (*Prevost.*)

FRÉDÉRIC DE WURTEMBERG (Van Mons). — Ce gain remonte à 1812 ou 1813. Ses synonymes sont *Médaille d'Or*, *Beurré de Saint-Quentin.*

Arbre fertile, peu vigoureux sur cognassier, qu'il vaut mieux greffer sur franc, en pyramide et haut vent; en espalier les fruits seraient susceptibles de devenir trop promptement pâteux; fruit ordinairement gros, turbiné, pyriforme, obtus, très-lisse, luisant, jaune-pâle du côté de l'ombre, rouge-clair, très-vif du côté opposé ; chair blanche, demi-fine, un peu grenue autour du trognon, fondante ou demi-fondante, tendre ; eau assez abondante, très-sucrée, légèrement acidulée, parfumée, agréable. Mûrit en septembre. (*Prevost.*)

Le port de cet arbre est assez gracieux, son bois est long, fort, élancé; le fruit est d'une bonne grosseur et d'une belle forme; c'est une très-jolie poire, quelquefois de première qualité, suivant qu'elle est mangée à point. Elle devient pâteuse si on la laisse avancer. (*Bivort.*)

GRAND SOLEIL. Gain du major Esperen, de Malines. — L'arbre mère, de semis, croissait dans son jardin, à Duffel, au pied du mur d'une brasserie désignée sous le nom de *Grand-Soleil*; telle est l'origine du nom de cette variété.

Arbre assez vigoureux, pour pyramide et espalier, dans les terres légères et chaudes.

Le fruit qui est très-changeant dans sa forme est ordinairement moyen, bosselé, ovale, ou pyriforme, turbiné ; épiderme rude, vert-clair, fortement ponctué et taché de roux-fauve, particulièrement autour du pédoncule, et légèrement coloré au soleil, passe au jaune-d'or à la maturité ; chair blanc-verdâtre, demi-fine, demi-fondante ; eau suffisante, sucrée, un peu vineuse, et bien parfumée. Mûrit de novembre en décembre. Première ou deuxième qualité. (*Bivort.*)

JAMINETTE.—Syn.: *Poire d'Austrasie*, *Sabine*, (L. Noisette). *Bergamotte d'Austrasie*, *Pirolle*, *Maroit*, (d'Albret), *Crassanne d'Austrasie*, *Colmar Jaminette* (Cat. anglais). — Ce gain, à ce qu'il paraît, est dû à M. Jaminet, de Metz (Moselle). Son premier rapport remonte à 1808. (*J. de Liron d'Airoles.*)

Arbre très-vigoureux, même sur cognassier, lent à fructifier; pour pyramide et haut vent dans les sols chauds, mieux en espalier, au levant, dans nos contrées ; fruit moyen, ovale, turbiné ; peau épaisse, rude, vert-foncé, marbrée et ponctuée de gris; chair demi-fine, fondante; eau très-abondante, sucrée, parfumée dans les terres légères, un peu douce dans les terrains froids. Mûrit de décembre à février.

On dit que cette espèce, obtenue par Van Mons, a été introduite en France vers 1826, et dédiée à M. Jaminet. (*Prevost.*)

MADELEINE (Duhamel), *Citron des Carmes, Poire Saint-Jean-Hative, Chissel verte, précoce* (Forsyth).

Cet arbre, vigoureux et fertile, se greffe sur franc et sur cognassier, se prête à toutes les formes et donne beaucoup à haute tige ; fruit moyen, en forme de toupie, queue longue et bien nourrie; peau presque verte, parfois un peu rousse au-dessus, jaunissant à sa maturité; chair blanche, fine, fondante et sans pierres; eau douce, peu parfumée, mais assez agréable. Sa maturité arrive vers la fin de juillet.

Un excès de maturité la rend cotonneuse, et elle mollit vite. (*Duhamel.*)

Les fruits de cette variété, presque sans saveur dans les terres fortes, pourrissent à l'arbre avant la maturité dans certaines années. Elle peut être avantageusement remplacée par le *Beurré Giffart*, qui mûrit à la même époque. (*Prevost.*)

MARIE PARENT (Bivort), *Poire de Louvain* (Van Mons).— Gain de 1827.

Arbre d'une vigueur moyenne, pour pyramide et espalier sur franc; fruit très-variable en forme et en grosseur; le terme moyen est une forme turbinée, allongée et amincie du côté de la queue, arrondie du côté de la tête, haute de près de huit centimètres sur plus de six centimètres de diamètre; la queue est grosse, longue d'un pouce; l'œil est petit, rouge, placé à fleur, à division très-étroites et caduques; peau lisse, jaune-clair partout, finement piquetée de points roux du côté du soleil; chair blanche, beurrée, fondante; eau abondante, sucrée, très-bonne. Mûrit au commencement d'octobre.

Cette poire est un fruit fin qui mérite une place distinguée. (*Poiteau*, 1834.)

Cependant M. Bivort dit avoir obtenu cette poire en 1851.

NOUVEAU POITEAU (Van Mons). — Syn. : *Tombe de l'Amateur*. — Gain de 1844 et dédié à M. Poiteau, rédacteur en chef du *Bon Jardinier*, à Paris, par MM. Van Mons fils et Bouvier. Ce fruit surpasse en qualité et grosseur l'ancien Poiteau de Van Mons.

Le nouveau Poiteau est un bel arbre très-vigoureux et fertile sur franc et sur cognassier, produisant également bien en haute tige et en pyramide ; fruit gros, de la forme d'un Saint-Germain, mais beaucoup plus gros; fortement côtelé, ovale, turbiné, allongé et rétréci aux deux extrémités; peau rude, verte, largement maculée et striée de rouille, ne jaunissant pas à la maturité ; chair blanc-verdâtre, fine, fondante; eau abondante, sucrée et d'un parfum agréable sans être bien prononcé. Mûrit fin d'octobre. (*Bivort.*)

Cette poire est de première qualité dans les terres légères et chaudes, mais sans saveur aucune dans les sols froids. Elle a de plus le défaut notable de blettir en peu de jours.

POIRE PÊCHE (Esperen). — Cette variété provient d'un semis du major Esperen, fait en 1835 ou 1836.

Arbre d'une fertilité moyenne, pour pyramide sur franc, peu vigoureux sur cognassier ; fruit moyen, irrégulièrement ovale, parfois arrondi ; l'épiderme est lisse, vert-clair, légèrement coloré au soleil, ponctué et panaché de brun-roux, jaunissant légèrement à la maturité ; chair blanche, jaunâtre, fine, fondante ; eau abondante, sucrée, vineuse, d'un parfum agréable. La maturité arrive dans la dernière quinzaine d'août. (*Annales de Pomologie.*)

Quoique moins fertile, cette variété peut remplacer avec avantage les Blanquets et autres petites poires de cette époque.

PROFESSEUR DUBREUIL. — Provenant de pepins de la variété appelée *Louise bonne d'Avranches*, semée en 1840 par M. Dubreuil. Premier produit en 1851; dédiée par le Cercle à son obtenteur.

Arbre vigoureux et fertile, se formant bien en pyramide, et se convenant également sur cognassier et sur franc ; fruit moyen, renflé et arrondi du côté de l'œil ; s'amincissant en pyramide effilée, aiguë vers le pédoncule avec lequel il se confond ; épiderme lisse, finement pointillé, vert sur un fond-jaunâtre, ou vert très-pâle du côté opposé, qui est souvent rouge-clair ; chair fine, fondante, juteuse, faiblement acidulée, un peu musquée, très-sucrée et parfumée. Mûrit en septembre.

La poire Professeur Dubreuil a, comme le Beurré Curtet, le mérite d'être déjà bonne et très-sucrée avant sa parfaite maturité. (*Prevost.*)

PRINCE ALBERT (Bivort). — Obtenue par lui des semis de Van Mons, premier rapport en 1848.

Arbre vigoureux, d'une moyenne fertilité, pour pyramide sur franc et sur cognassier et haut vent ; fruit moyen, pyriforme ou ovoïde ; épiderme vert-clair, ponctué et maculé de brun-roux ; chair blanc-jaunâtre, fine, fondante, sucrée et d'un parfum des plus agréables. Ce fruit de première qualité mûrit en février. (*Société Van Mons.*)

PRINCESSE CHARLOTTE. — Provenant des semis du major Esperen, dédiée en 1846 à Son Altesse royale la princesse Charlotte.

Arbre vigoureux, d'une fertilité moyenne, pour haut vent et pyramide ; fruit assez gros, turbiné, bosselé, parfois arrondi en forme de Doyenné ; épiderme lisse, vert-clair, passant au jaune-d'or à la maturité, coloré de rouge-vif au soleil ; chair blanche, demi-fine, fondante ; eau abondante, sucrée, d'un parfum particulier, ayant quelque analogie avec celui du Bon-Chrétien d'Espagne. Mûrit fin d'octobre. (*Société Van Mons.*)

ROUSSELET D'AOUT (Van Mons).

Arbre vigoureux qui affecte naturellement la forme pyramidale, vient bien sur franc et sur cognassier ; fruit moyen, pyriforme, allongé, ou en forme de rousselet, mesurant au maximum huit centimètres de hauteur sur cinq et demi en diamètre ; épiderme vert-clair, ponctué de roux-gris maculé et ombré de fauve, passant au jaune-d'or à la maturité ; chair blanc-jaunâtre, fine, fondante ; eau abondante, sucrée, vineuse, parfum des rousselets. Mûrit dans les derniers jours du mois d'août. (*A. Bivort.*)

Si le fruit ne blettit pas, cette variété hâtive sera une bonne acquisition pour nos vergers.

SPOELBERG (vicomte de). — Obtenue par Van Mons, et dédiée par lui vers 1830 à M. le vicomte de Spoelberg de Lowenjoul, près de Louvain.

Arbre vigoureux et d'une rare fertilité, même lorsqu'il est greffé sur franc, pour haut vent et pyramide; fruit moyen, turbiné ou pyriforme, ventru: il ressemble beaucoup à la *Frédéric de Wurtemberg*, mais moins coloré; épiderme lisse, jaune-herbacé, fortement ombré de roux-fauve, ponctué de vert-foncé et de gris; chair blanche, demi-fine, peu fondante; eau abondante, sucrée, fortement parfumée et musquée; de première ou deuxième qualité, suivant le terrain. Mûrit en octobre et novembre. (*A. Bivort.*)

Cet arbre fertile convient aux vergers.

SPREUW OVÉ (Poiteau), *faux Spreuw* (Van Mons), gain de 1825, *Etourneau* (à Boulogne).

Arbre moyen à rameaux effilés, très-fertile, pour pyramide et haute tige sur franc; fruit petit, ovale, turbiné, ayant la forme d'un œuf raccourci ou approchant celle d'un Beurré Curtet; peau verte, ponctuée et tavelée de roux, avec une tâche de cette couleur autour de l'œil et à l'insertion de la queue, jaunissant à la maturité; chair d'un blanc-verdâtre, très-fondante; eau abondante, sucrée, d'un goût agréable. Mûrit en octobre. (*Poiteau.*)

Ce fruit, d'un excellent produit en plein vent, conserve jusqu'à la fin toutes ses bonnes qualités sans blettir.

SUZETTE DE BAVAY. — Gain du major Esperen et dédiée par lui à Mme Suzette de Bavay, en 1843.

Arbre d'une bonne vigueur, fertile, pour pyramide et haut vent sur franc et sur cognassier; fruit presque moyen, arrondi, turbiné, ayant ordinairement le calice placé au sommet d'une proéminence charnue; épiderme vert-foncé, maculé de gris-roux; jaunit à la maturité; chair blanc-verdâtre, demi-fine, fondante; eau abondante, sucrée, d'un parfum prononcé et de bonne qualité. Mûrit de février en avril. (*A. Bivort.*)

THÉODORE (Van Mons). — Poire à queue en vis, de Victor Paquet, provenant des semis de Van Mons ; gain de 1843, dédié à son fils, conseiller à la cour d'appel de Bruxelles.

Arbre vigoureux et fertile pour pyramide et haut vent, sur franc ; fruit assez gros, ordinairement pyriforme, ventru, rétréci vers la queue et le calice, quelquefois allongé et un peu aplati ; l'épiderme vert-clair, ponctué et panaché de brun, passe au jaune-d'or à la maturité ; chair blanche, jaunâtre, fine, fondante, beurrée ; eau abondante, sucrée et bien parfumée; quelques concrétions pierreuses se trouvent autour du trognon. Mûrit en octobre. (*A. Bivort.*)

Cet arbre, dont le fruit est un peu trop musqué, convient aux vergers.

THOMPSON'S (Cat. anglais).

Arbre peu vigoureux, même sur franc pour pyramide et haut vent ; fruit assez gros, oblong, obtus ou pyriforme ; épiderme jaune-pâle ; chair tendre, fondante, beurrée, saveur du Passe-Colmar, extrêmement riche en sucre; de toute première qualité.

Dégusté le 27 septembre. Il peut aller jusqu'à la mi-octobre.

VINEUSE ESPEREN. — Due aux semis du major Esperen. Premier rapport en 1852.

Arbre vigoureux, sur cognassier comme sur franc, pour pyramide et haut vent ; fruit moyen, épiderme vert très-clair, un peu rude, coloré de vermillon du côté du soleil, fortement ponctué, mais irrégulièrement de brun-roux, prenant une teinte jaune-d'or à la maturité; chair jaune un peu grosse, fondante, chargée de quelques légères concrétions ; eau très-abondante, sucrée, vineuse et d'un parfum très-relevé.

Les fruits de cet arbre, assez fertile, mûrissent fin de septembre. (*J. de Liron d'Airoles.*)

ZEPHIRIN GRÉGOIRE. — Ce fruit, obtenu en 1843, par M. Grégoire de Jodoigne, a beaucoup d'analogie avec le Passe-Colmar, mais plus petit que celui-ci.

Arbre d'une vigueur moyenne, assez fertile, propre à la

pyramide, à l'espalier au levant et au couchant ; il peut convenir également à la haute tige, car ses produits y sont très-sains; pousse maigrement sur cognassier ; mieux vaut le greffer sur franc; fruit petit ou moyen, turbiné, épiderme vert-jaunâtre, ponctué de brun-clair, légèrement coloré en espalier; chair très-fine, fondante, beurrée; eau abondante, sucrée, vineuse, d'un parfum agréable.

La maturité a lieu en novembre ; rarement nous avons pu en conserver jusqu'à Noël. L'arbre est lent à se mettre à fruit.

POIRES A CUIRE.

10 Variétés.

BELLE ANGEVINE.— Syn. : *Duchesse de Berry d'hiver, Angoa, Anderson, Comtesse ou Beauté de Treweren, Belle de Jersey, très-grosse de Bruxelles, Abbé Mongein, Royale d'Angleterre.* (Cat. Wilhelm), *Saint-Germain Uvedalès, Perkering pear* (Cat. anglais).

Cette variété est cultivée depuis longues années au château de Grivesne, près Montdidier (Somme), sous le nom de *Belle de Grivesne.*

Arbre vigoureux, venant bien sur cognassier et sur franc ; fruit énorme, allongé, renflé au milieu et bosselé vers l'œil ; peau épaisse d'un vert-grisâtre, teintée de rouge-clair ou carmin du côté du soleil, tachée et piquetée de points gris ; chair grosse, presque sèche ou sans suc et sans saveur appréciable, mauvaise crue, médiocre cuite.

Cet arbre, de fertilité moyenne doit être cultivé en espalier à bonne exposition ; ses fruits sont recherchés pour l'ornement de la table à cause de leur volume énorme et de leur longue conservation. Leur poids dépasse souvent un kilo, et atteint quelquefois près de deux kilogrammes.

BELLISSIME D'HIVER (Duhamel). — Syn. : *Teton de Vénus, de Bur, Belle de noisette* (Cat. anglais), *Angleterre d'hiver de noisette.*

Arbre à gros rameaux, vigoureux et fertile, qu'on peut, comme la poire de Livre, cultiver en haute tige; fruit aussi gros que le Catillac, de forme presque ronde, ovale, turbiné ; peau lisse, rouge du côté du soleil, tiquetée de gris-clair et jaune, et de fauve du côté de l'ombre ; chair tendre, sans pierres, très-moelleuse étant cuite.

Cette poire, dont le nom convient bien à sa grosseur et à la beauté de ses couleurs se conserve, jusqu'en mai. (*Duhamel.*)

BON-CHRÉTIEN D'ESPAGNE (Duhamel). — Syn. : *Grosse, Grande-Bretagne dorée, Mansuette des Flamands, Vermillon d'Espagne d'hiver, Bon-Chrétien Spina.*

Arbre vigoureux sur franc, prospérant bien sur cognassier, pour pyramide et espalier, au levant ; à cette exposition les fruits sont beaux et colorés et peuvent servir longtemps à orner les desserts; fruit gros, pyramidal, tronqué, assez semblable au Bon-Chrétien d'hiver, mais plus allongé, plus pointu et mieux fait; épiderme piqueté de points bruns, d'un beau rouge-vif du côté du soleil, et vert-jaune-pâle du côté de l'ombre à la maturité; chair cassante, ou tendre et pleine d'eau, suivant les années ou le terrain. Une bonne exposition, une terre douce et légère, sont nécessaires pour que ce fruit acquière une parfaite maturité.

Cette poire mûrit en décembre et janvier.

On peut en faire plus de cas que Laquintinie, au moins est-elle une des plus belles d'hiver, et très-bonne en compotes. (*Duhamel.*)

CATILLAC (Duhamel), *Cadillac* (J. François, 1703). —Syn.: *Grand Monarque, Grand Mogol* (Cat. anglais), *Gros Gilot, Gros Cognart, Monstrueuse des Landes.* — Ce poirier, très-vigoureux et fertile, se cultive ordinairement sur franc en haute tige.

Fruit très-gros, pyriforme ventru ; quelquefois le côté de la tête est gros, aplati ; l'œil, peu large, est placé dans une cavité profonde ; le côté de la queue diminue tout-à-coup et se termine en pointe arrondie ; la peau grise, légèrement teintée de rouge-brun du côté du soleil et tiquetée de points roux, devient jaune-pâle lorsque ce fruit mûrit ; la chair est blanche, très-bonne cuite sous la cendre et au four.

Cette poire est d'usage depuis novembre jusqu'à mai. (*Duhamel.*)

La poire de Livre ou Râteau gris, décrite par le même auteur, a tant d'analogie avec la Catillac, qu'on fait peu de différence entre l'une et l'autre.

CURÉ (Poire de). — Syn. : *Poire de Clion, Poire de Monsieur, Bon Papa, Belle de Berry, Pater-Notre, Belle Héloïse, Belle Andreine* (Cat. Wilhelm). *Vicaire de Watkfield, M. le Curé* (Cat. anglais). *Beurré Comice de Toulon.* (Jules de Liron d'Airoles.)

Trouvé dans un bois à Clion, près Châtillon-sur-Indre; le nom de ce fruit est dû à un curé de Villers (Loire-et-Cher) qui le cultivait et le répandit.

Arbre fertile et d'une rare vigueur, pour haut vent, pyramide et espalier, qui prospère mieux, même sur cognassier, que la plupart des autres variétés, dans les terrains qui ne conviennent pas aux arbres de ce genre; il est très-avantageux pour le plein vent; fruit gros, pyramidal, très-allongé, lisse et régulier, se terminant en pointe obtuse ; peau épaisse, d'un vert-jaunâtre et parfois rouge-pâle d'un côté ; il a presque toujours une raie longitudinale grise de quatre à cinq millimètres de large; chair ferme, mi-cassante, légèrement sucrée et musquée, passable à manger crû, très-bon cuit. Mûrit en novembre, décembre, et janvier. (*Prévost.*)

La rusticité et la grande vigueur de cet arbre, sa fertilité, la beauté de ses fruits, en rendent la culture très-profitable surtout dans les sols secs.

LÉON LECLERQ. — Gain de Van Mons, remontant à 1833. —Syn. : *Bezy de Caen* (Cat. de Bavay), *Royale d'Estiver* (Croux).

Arbre vigoureux et fertile, à cultiver sur franc, pour haute tige, pyramide et espalier, aux trois expositions; beau et gros fruit, un peu plus haut que large, ventru et arrondi du côté de l'œil, aminci et un peu étranglé dans le tiers supérieur, obtus du côté de la queue; épiderme jaune-luisant, tiqueté de gros points roux-clair et ordinairement couvert, vers les deux extrémités, d'une grande tache frangée de cette couleur; chair blanche, demi-fine, demi-fondante ; eau abondante, assez sucrée, peu parfumée. Mûrit de décembre en mai.

C'est une bonne poire à cuire que recommande, outre sa beauté, la facilité avec laquelle elle vient en plein vent, et surtout sa longue garde. (*Prevost.*)

FUSÉE (*Poire*) (Jardinier François 1703), *Étranglée* (Cat. anglais), *Poire de Margot*, à Rouen.

Arbre vigoureux et fertile en vieillissant, cultivé à haute tige dans une grande partie du département ; il donne de très-beaux produits fort estimés pour compotes ; c'est là son seul mérite, car aucun autre de cette saison ne le surpasse en qualité ; fruit moyen, allongé ; peau jaune-herbacé, ordinairement lavée ou nuancée de rose du côté frappé par le soleil, et finement pointillée de gris ; chair grossière, demi-fondante ; eau assez abondante et très-parfumée, acerbe ; à manger crû, excellent cuit. Mûrit en octobre, novembre. (*Prevost.*)

MESSIRE JEAN (Duhamel). — Syn. : *Messire Jean gris ; Messire Jean doré, Messire Jean Chaulis.*

Le *Messire-Jean*, dit le Jardinier Solitaire de 1703, est une poire ancienne à chair ferme, cassante et sucrée.

Ce poirier, assez vigoureux, se greffe sur franc et sur cognassier ; il forme de belles pyramides ; il est très-fertile, surtout à haute tige, lorsqu'il n'est point soumis à la taille ; fruit moyen, presque rond, ventru et irrégulier ; peau rude, d'un jaune-doré, pâle ou gris, suivant l'âge et la vigueur de l'arbre ; chair cassante, souvent pierreuse et sujette à mollir ; eau abondante, d'un goût relevé excellent ; sa maturité a lieu en octobre ; il est très-bon cuit. (*Duhamel.*)

MARTIN SEC *Rousselet d'hiver* (Duhamel). — Cité par le Jardinier François, en 1703.

Arbre fertile, qu'on peut cultiver sur cognassier et sur franc, à haute tige de préférence ; fruit petit, pyriforme, ressemblant assez, par sa forme, à un Rousselet de Reims, mais plus obtus ; chair fine, cassante, sucrée, légèrement parfumée. Cette poire, délicieuse pour compotes et surtout pour conserves, mûrit en décembre et va jusqu'en mars.

Le Martin Sec, dit le *Jardinier Solitaire*, est un fruit très-ancien ; il est plus long que rond et prend aisément du rouge ; il est sucré, cassant, et se garde jusqu'en février ; excellent pour confire.

Cet arbre est devenu moins productif depuis quelques années et le fruit ne se conserve plus aussi longtemps qu'autrefois. (*Prevost.*)

VAN MARUM. — Gain de Van Mons, qui peut remonter à 1820, dédié par son auteur au savant chimiste hollandais Van Marum. Ses synonymes sont : *Triomphe de Hasselt, Calebasse Monstre, Calebasse Carafon; Calebasse du Nord, Calebasse Royale, Calebasse de Hollande; Grosse double Calebasse* (Cat. anglais).

Arbre de moyenne vigueur, très-fertile, à cultiver sur franc ; fruit calebasse; forme bosselée, haut de seize à dix-huit centimètres sur dix de diamètre; épiderme entièrement bronzé, légèrement coloré au soleil et ponctué de gris-roux; chair blanche, un peu grosse, demi-fondante, sucrée, assez relevée. Mûrit en septembre ; il blettit promptement.

M. Poiteau, qui, dans sa note historique décrit cette variété sous le nom de Grosse Calebasse, dit : Cette poire tout-à-fait inconnue à Paris, en 1830, m'a été envoyée de Boulogne-sur-Mer par M. Bonnet qui la tient de Van Mons ; son eau n'est pas assez parfumée pour la placer au nombre des excellents fruits, mais elle est bonne, étant mangée à point ; sa forme et son volume sont encore un mérite qui n'est pas à dédaigner des amateurs.

POMMIER.

Le pommier est indigène ; le fruit de cet arbre affecte le plus souvent la forme sphéroïdale, sa couleur est constante pour chaque variété : elles sont vertes, jaunes, rouges, plus ou moins colorées. Ses variétés sont très-nombreuses ; chaque localité estime et possède des espèces inconnues ailleurs ; les gens qui les cultivent, tenant plus au produit qu'à la qualité, les préfèrent aux espèces les plus estimées, cultivées par les pépiniéristes et répandues dans le commerce. Cependant le goût des bons fruits, en pénétrant dans les campagnes, se propage chaque jour de plus en plus, et finit par faire comprendre qu'il y a avantage à donner la préférence aux meilleurs.

Du temps de Laquintinie, en 1700, on comptait *sept* bonnes variétés de pommes, savoir : les Reinettes grises, blanches, Calville-blanche, Fenouillets, Court-Pendu, Api et Violette ; venaient en seconde ligne : les Rambour, Calville rouge d'été, Cousinette, Orgeron, Pigeon de Jérusalem, Drui-Permin, Pigeonnet, Pomme de glace, Francatu, Haute-Bonté, Royauté, Rouverzeau, Châtaignier, Passe-Pomme, Petit-Oin et Pomme-Figue ou sans fleur ; en tout, vingt-trois variétés de pommes à couteau. Aujourd'hui nous en possédons plusieurs centaines de variétés qui laissent une grande latitude dans le choix. Retranchant de ce nombre considérable les sortes nouvelles ou peu connues, cultivées dans les jardins d'expériences et chez les amateurs de collections, nous avons, pour former notre liste, choisi les meilleures à notre appréciation, les unes par leur goût agréable et rafraîchissant ; les autres, à cause de leur précocité, et enfin celles qui servent aux usage de la cuisine, recherchées dans nos contrées pour leur conservation et leurs produits.

Le pommier aime une terre franche, forte, douce et fraîche, sans qu'elle soit rigoureusement très-profonde; il réussit mal dans les argiles, les sables ou les craies. Trois espèces servent pour le greffer ; le franc pour ceux destinés à être plantés à haute tige dans les champs et les vergers; le doucin qui sert à faire des pyramides pour les jardins, et enfin le paradis pour les petits pommiers nains, qui, soit en gobelet, soit en cordon, donnent ces beaux fruits toujours si recherchés.

Pour obtenir une bonne végétation du pommier, il faut une couche de terre pénétrable d'au moins un mètre pour les arbres de haute tige greffés sur franc, et de cinquante à soixante-dix centimètres pour ceux greffés sur doucin et sur paradis.

POMMIERS.

47 Variétés.

API (Duhamel).— Syn : *Api rose*, *Api d'hiver*, *petit Api*, *Api fin*, *Pomme rose* (Cat. anglais).

Arbre moyen, très-productif; fruit petit, aplati, porté par un long pédoncule placé au sommet d'une cavité profonde; la peau est lisse, luisante, de couleur verdâtre dans sa plus grande étendue et colorée d'un beau rouge-vif sur la partie exposée au soleil; la chair est blanche, peu fondante, résistante et ferme; l'eau est douce, fraîche et agréable.

Cette jolie pomme, qui mûrit tard et se conserve longtemps, contribue puissamment à l'ornement des desserts ; son arôme résidant particulièrement dans sa peau, on doit se garder de la pelurer.

Sur des arbres de plein vent et dans un terrain un peu sec, le fruit vient moins gros, mais plus rouge, plus croquant et d'un goût plus agréable que sur des arbres en buisson; il se conserve très-longtemps sur l'arbre, et mieux qu'aucun autre il supporte les premiers froids.

Le gros Api, l'Api noir, l'Api étoilé, sont de qualité inférieure.

BAROWISKY. — Introduit de Cracovie, en 1834, par M. Jamain.

Ce pommier est un arbre vigoureux et assez fertile, à cultiver à haute et basse tige; le fruit est assez gros, déprimé, très-obtus, bosselé ou irrégulièrement arrondi ; épiderme lisse, blanc-herbacé, fouetté et marbré rouge du côté du soleil; chair demi-fine, très-tendre, quoique paraissant ferme, acidulée, vineuse, d'un goût agréable.

Cette belle pomme, précoce, supérieure sous tous les rapports à la Passe-Pomme d'été, mûrit à la fin d'août; elle est trop peu répandue. (*Prevost.*)

BEDFORD'S HIRE FOUNDLING, *Cambrige peppin* (Cat. anglais). — Fruit gros, arrondi, déprimé, sensiblement rétréci vers son sommet, aplati à sa base et légèrement côtelé ; épiderme lisse, luisant, jaune-d'or à sa maturité, strié et panaché de carmin-vif au soleil; chair blanc-jaunâtre, fine, ferme, d'une saveur vineuse, sucrée et relevée d'un léger aigrelet, de première qualité pour la cuisine. La maturité arrive en décembre et janvier; trop mûre, cette pomme devient farineuse.

L'arbre est vigoureux et fertile. (*Bivort.*)

BELLE DU HAVRE. — Syn : *Pomme Rosat.* — Cette variété a le fruit gros, de forme irrégulière, plus large que haut, l'œil et la queue ont leur point d'insertion dans de profondes cavités ; la peau, fine non tiquetée, est lavée de rouge-cerise en dessus, le côté opposé est vert-jaunâtre ; chair fine, blanche, fondante, sucrée et faiblement acidulée.

Cette magnifique pomme, ainsi que la désignent MM. Poiteau et Turpin, mûrit en novembre ; elle est peu connue ici, mais elle est commune aux environs du Havre.

La Pomme Rosat, qu'on donne pour synonyme de Belle du Havre, est décrite dans l'Album Bivort, tome 4, page 21, de la manière suivante :

Fruit gros, arrondi, plus large que haut et déprimé à ses deux pôles, légèrement bosselé et parfois côtelé vers le calice ;

sa peau est lisse, luisante, rouge-vif du côté du soleil, rosée de l'autre et ponctuée de quelques points gris-roux peu apparents; la chair est blanche, fine, tendre ; son eau est abondante, sucrée, acidulée; son arôme très-bon. La pomme Rosat est un très-bon fruit, qui mûrit en décembre et janvier. L'arbre, très-vigoureux, est peu fertile lorsqu'il est greffé sur franc; nous le cultivons ici sous le nom de Pomme Vasa; c'est un fruit d'amateur.

BELLE DUBOIS. — Syn : *Gloria mundi, Roi d'Islande, Louis XVIII, Rhode-Island, New-York, Gloria mundi, Monstrous peppin, Baltimore* (Cat. anglais).

Arbre vigoureux et peu fertile; fruit très-gros, arrondi, déprimé, retréci vers son sommet, bosselé et parfois côtelé ; peau lisse, luisante, vert-clair, passant au jaune-citron à la maturité, ponctuée et légèrement maculée de brun-clair ; chair blanche, jaunâtre, tendre, moelleuse et de saveur sucrée. Ce superbe fruit d'amateur mûrit en novembre ; il se conserve fort bien sans se rider ; il est de premier rang pour la grosseur et de second quant à la qualité. (*A. Bivort.*)

Fruit à cultiver à basse tige, sur paradis ou doucin.

BELLE FLEUR (de France), *Belle Fleur, Belle Femme, Richard, Double Belle Fleur.*

Cet arbre, assez vigoureux, se cultive le plus ordinairement à haute tige ; fruit gros ou moyen, arrondi, déprimé au sommet et à la base ; peau lisse, d'un très-beau rouge du côté du soleil, le dessous est jaune-verdâtre ; chair blanc de lait, tendre, d'un goût acidulé, sucrée, très-agréable ; deuxième qualité crû, très-bon cuit. (*Couverchel.*)

Cette belle pomme mûrit en novembre-décembre ; elle peut se garder plus longtemps, mais alors elle perd de sa qualité.

CALVILLE BLANCHE D'HIVER (Duhamel), *Calville blanche à côtes* (Jardinier Solitaire, 1703), *Calvin blanc* (Jardinier François, 1703), *Reinette à côtes, Bonnet carré.*

Arbre vigoureux et très-productif ; fruit gros, dont le plus grand diamètre est vers la base ; l'œil est fixé dans une cavité assez profonde et entouré à sa circonférence de protubérances, qui, par leur extension, forment les belles côtes saillantes qui ornent le fruit; la peau est jaune-verdâtre, lisse, teintée et piquetée de rouge-carmin du côté du soleil; chair fine, grenue, tendre; eau sucrée, acidulée et rafraîchissante. (*Couverchel.*)

Cette variété, qui prend rang parmi les plus belles et les meilleures, mûrit en novembre et se conserve jusqu'en avril; elle mérite la première place dans les jardins, vient sous toutes les formes, mais il est préférable de la cultiver à basse tige.

CALVILLE ROUGE D'HIVER (Duhamel), *Calville rouge normande* (Merlet), *Calville rouge d'Anjou.*

Arbre de moyenne grandeur qui affecte une direction horizontale; fruit gros, presque conique, relevé de côtes beaucoup moins saillantes que celles de la Calville blanche; la peau est très-unie, d'une couleur rouge-foncé du côté du soleil; sa chair est blanche, teintée de rose, son grain est fin, sa saveur douce-acidulée et son arôme vineux. (*Couverchel.*)

Ce joli fruit, de deuxième qualité, à cultiver à basse tige, murit en novembre et décembre; il peut aller beaucoup plus loin, mais alors il devient cotonneux; il est très-bon en compotes.

CALVILLE SAINT-SAUVEUR (Reinette Saint-Sauveur). — Cette variété a été dit-on, gagnée il y a environ 20 ans, par M. Despréaux, à Saint-Sauveur, près Saint-Just.

Arbre vigoureux, assez fertile, pour basse tige; fruit très-gros, allongé, bosselé sur toute sa surface; épiderme lisse, vert-clair, luisant, jaune-citron à la maturité, ponctué de brun; chair blanche, jaunâtre, tendre; eau abondante, sucrée, un peu acidulée; arôme du Calville blanc, mais lui est inférieur; la maturité a lieu en novembre et se prolonge jusqu'en janvier. (*A. Bivort.*)

CHATAIGNIER (Pomme), *Châtaigner d'hiver* (Laquintinie et Jardinier François, 1703).

Cet arbre, d'un beau port en haute tige, est assez fertile; la forme et le volume de cette pomme sont peu constants, cependant le plus ordinairement elle est globuleuse, un peu allongée; son diamètre est plus grand à la base qu'au sommet; l'épiderme est parsemé de points rouges sur un fond blanchâtre et taché de rouge-brun-obscur du côté du soleil; chair d'une saveur douce, acidulée ; la Pomme de Châtaignier mûrit en décembre, se conserve assez longtemps et acquiert des qualités par la cuisson. (*Couverchel.*)

Ce fruit est abondant dans les départements de l'Oise et de l'Aisne.

Laquintinie, en parlant de ce fruit, dit : Les pommes de Châtaignier, qu'on appelle Martrange en Anjou, sont blanches, rousses avec un coloris rouge-obscur.

COURT-PENDU GRIS (de Laquintinie), *Court-Pendu rouge* (J. François, 1703). — Syn. : *Reinette Rosat*, en Artois, *Reinette de Bourgogne*, en Flandre, *Reinette d'Espagne*, à Amiens, *Court-Pendu plat*, *Court-Pendu musqué*, *Corianda rose* (Cat. anglais).

Arbre vigoureux sur franc, faible sur doucin, à cultiver en haute tige où il forme une tête magnifique; fruit moyen de forme globuleuse, plus large que haut; son pédoncule est si court, qu'il dépasse à peine la cavité qui le renferme ; l'œil est ouvert et cave; la peau, d'un gris-foncé est fouettée de rouge-brun du côté du soleil; presque toute sa périphérie est tiquetée de points fauves; chair rosée, très-fine, cassante et sucrée, très-bon crû et cuit. Mûrit en décembre et se conserve jusqu'en avril.

Cet arbre fertile, à floraison tardive, remarquable par son port et son beau feuillage, mérite d'être propagé.

D'EVE (Noisette). — Le fruit est gros, bosselé et irrégulièrement arrondi ; la peau est lisse, luisante, vert-clair du côté de l'ombre, jaune-d'or ponctué de rouge-cerise du côté du soleil et de points blancs dans son entier; elle est, en outre, maculée de gris de rouille; la chair est blanche, rosée, un peu jaunâtre, fine, assez ferme et cassante ; son eau, peu abondante, est sucrée, légèrement acidulée, d'assez bonne qualité. Mûrit fin d'automne. Cet arbre, assez fertile, doit être préférablement cultivé en basse tige. Fruit d'amateur. (*A. Bivort.*

DOUX D'ARGENT, *Doux d'Angers*, *Ostogatte* (Cat. de Bavay). — Fruit moyen ou assez gros, de forme un peu conique et néanmoins régulière; la peau, de couleur vert-roussâtre, jaunit rarement à la maturité; sa chair est blanche, d'une contexture assez fine, sa saveur est douce, sucrée, légèrement acidulée. Cette pomme mûrit en janvier et se conserve fort longtemps. (*Couverchel.*)

L'arbre est très-fertile et le fruit est très-estimé dans les environs d'Angers; ce dernier a beaucoup d'analogie avec le Gros Doux décrit par Duhamel.

FENOUILLET GRIS, *Pomme d'Anis, petit Fenouillet anisé.* — Arbre très-fertile, à bois mince et effilé; fruit petit, globuleux; épiderme rude, gris-roux; chair ferme, succulente, sucrée; arôme rappelant celui de l'anis ou du fenouil; c'est à cette circonstance que cette variété doit son nom. Cette excellente pomme mûrit en décembre; gardée longtemps, elle perd ses qualités et devient cotonneuse. (*Couverchel.*)

Cultiver cette variété sur doucin et sur paradis.

FENOUILLET GROS, *Gris anisé* (Duhamel), *Fenouillet rouge* (Cat. de Bavay).

Le fruit de cette variété est petit, globuleux, mais cependant plus étroit à sa base qu'au sommet; sa peau est nuancée de jaune, de rouge et de gris-fauve; la chair est de couleur blanc-jaunâtre, ferme, très-fine et assez savoureuse, mais devient fade par l'extrême maturité.

Cette pomme, qui prend rang parmi les plus estimées, mûrit en janvier et février. (*Couverchel.*)

FENOUILLET JAUNE, *Drap d'or* (Duhamel), *Fenouillet doré, Pomme à caractères, Gorge de pigeon.* — Arbre de moyenne vigueur, assez fertile; le fruit est un peu plus gros que les deux précédents; sa forme est la même; le pédoncule est si court que le fruit paraît adhérer directement à la branche; la peau, lors de la maturité, est lavée d'un jaune-d'or sur un fond gris-roussâtre; sa surface est comme imprimée de traits irréguliers, qui, vus de loin, simulent des lettres; aussi cette circonstance lui a-t-elle fait donner le surnom de Pomme à caractères; chair blanche, ferme, douce, sucrée, d'un arôme très-agréable. Cette bonne pomme, d'une longue conservation, vient bien en plein vent. (*Couverchel.*)

GRAND ALEXANDRE. — Syn. : *Empereur Alexandre de Russie, Gros Alexandre, Alexandre 1er, Patrowski* (Cat. Leroy).

Cette variété, originaire de Crimée, fut introduite de Riga en Angleterre, en 1817, par les soins de M. Léc, et envoyée de Londres, en 1826, au Jardin des plantes de Paris.

Arbre très-vigoureux, de fertilité moyenne, qu'il est préférable de mettre sur paradis ; fruit très-beau, aussi haut que large, et régulièrement arrondi ; peau lisse, fine, brillante, jaune-pâle, verdâtre, légèrement lavée et rayée de rouge-cerise au soleil ; chair légère, moelleuse, riche en sucre, d'une saveur agréablement aromatisée. Ce magnifique fruit d'apparat, qui est également bon crû ou cuit, a l'avantage de parfaitement tenir à l'arbre et de rester jusqu'aux gelées sans perdre de sa qualité. Il mûrit en novembre et décembre. (*Forney*.)

IMPÉRIALE.— Syn. : *Maltranche* (Cat. André Leroy), *Pomme d'île*, à Amiens.

Arbre moyen, très-fertile, à haute et basse tige ; fruit moyen, ovale, arrondi, épiderme verdâtre, strié et marbré de rouge-brun au soleil ; chair ferme, fondante, de bonne qualité. Ce fruit, très-estimé en Anjou, se conserve tout l'hiver sans se piquer.

JOSÉPHINE, *Ménagère, Pomme de glace par erreur.*

Arbre assez vigoureux et de fertilité moyenne ; il doit se greffer préférablement sur paradis, afin que le fruit acquière toute son ampleur. Ce dernier est généralement gros ou très-gros, irrégulièrement arrondi, côtelé, bosselé, déprimé et aplati vers les deux extrémités ; épiderme vert-clair ou jaunâtre, tiqueté de points bruns, ayant des places qui ont l'air gelé ou huilé ; chair blanc-jaunâtre, demi-fine, tendre ; eau sucrée, acidulée, de bonne qualité pour cuisine. Mûrit en novembre.

Cette pomme, plus remarquable par son beau volume que par ses qualités, figure avec avantage dans les collections, mais elle mérite peu d'être propagée. Importée de l'Amérique, du temps de l'Empire, par M. Lelieur, elle reçut de lui le nom de l'Impératrice Joséphine. (*Couverchel.*)

PIGEON BLANC, *Pigeonnet commun.*

Petite pomme, un peu plus grosse et de la forme d'un œuf

de pigeon; sa peau, blanc de cire, ne prend jamais de rouge; la chair en est bonne, et sa maturité a lieu fin de novembre.

Ce fruit d'amateur se cultive, comme les autres Pigeonnets, à haute et basse tige; il est moins productif que les deux variétés suivantes.

PIGEON ROUGE, *Pigeonnet* (Duhamel).

Arbre moyen, très-fertile, à haute et basse tige; fruit plutôt petit que moyen; sa peau est rouge, fouettée de petites raies de couleur rouge-vif du côté du soleil, et partout marquée de raies d'un rouge plus clair; sa chair est blanche, fine et d'un goût fort agréable. Cette pomme serait plus estimée si elle ne disparaissait dès la fin d'octobre. Conservée plus longtemps, elle devient cotonneuse.

PIGEON DE JÉRUSALEM (Duhamel), *Cœur de Pigeon.*

Cette pomme a de l'analogie avec la précédente, mais elle est plus conique, et son sommet, déviant un peu de la perpendiculaire, lui donne, en effet, la forme d'un cœur; la peau, nuancée de rose et de violet, est tiquetée de quelques points jaunes; sa chair, de couleur blanc de neige, offre une légère teinte rosée sous sa peau; elle est ferme, de saveur douce et agréable; elle mûrit fin novembre et se conserve jusqu'en janvier. Haute et basse tige. (*Duhamel.*)

POMME DE CANTORBÉRY, *Reinette de Cantorbéry.*

L'arbre de cette variété, qu'il faut cultiver à basse tige, est assez vigoureux, peu productif sur franc; fruit gros, arrondi, rétréci vers le calice, aplati ou déprimé vers le pédoncule; épiderme jaune-clair, lisse, luisant; chair blanche, assez grosse, molle; son eau, un peu trop acidulée, est assez abondante et d'une saveur agréable.

Ce très-beau fruit, qui mûrit en novembre et décembre, n'est que de seconde qualité. (*A. Bivort.*)

RAMBOUR FRANC (Duhamel et Jardinier Solitaire). — Syn.: *Rambour d'été*, *Rambour précoce*, *Pomme de Notre-Dame*, *Rambour rayé* (Cat. anglais).

Arbre assez vigoureux et assez fertile, très-cultivé, surtout à haute tige; fruit gros, aplati, déprimé, plus large au sommet qu'à la base; il est relevé de côtes qui rendent souvent sa forme irrégulière ; épiderme blanchâtre rayé de rouge du côté du soleil, et jaune-clair du côté de l'ombre ; sa chair est blanche, d'une saveur très-acidulée, mais étant cuite, elle est fort bonne.

Cette belle pomme mûrit vers la fin d'août et en septembre; elle dure jusqu'en octobre. On en fait d'excellentes compotes.

Le Rambour rouge ne diffère de celui-ci que par sa couleur qui est rouge-foncé du côté du soleil et rouge-pâle de l'autre; il dure également peu et sert aux mêmes usages.

RAMBOUR D'HIVER (Duhamel).

Arbre assez vigoureux, assez fertile.

Cette pomme, d'un beau volume, est déprimée à sa base et au sommet, par conséquent plus large que haute ; sa peau, tiquetée et rayée d'une couleur rouge intense du côté du soleil, est vert-jaunâtre dans la partie opposée ; sa chair est blanc-verdâtre, un peu grossière, mais étant cuite, elle est légère et fort bonne.

Cette pomme, assez commune sur les marchés, mûrit en hiver et se conserve jusqu'en avril. Haute et basse tige.

REINE DES REINETTES, *King of the, Peppin* (Bivort). — Syn. : *Reinette de la Couronne, Surpasse Reinette* (Cat. de Bavay).

Arbre assez vigoureux, très-fertile; fruit assez gros, un peu ovale, plus souvent arrondi, fortement déprimé à sa base, il mesure cinq centimètres en hauteur et neuf en diamètre ; la peau, lisse, luisante, verte, passe au jaune-d'or à sa maturité, légèrement colorée et panachée de rouge de côté du soleil ; chair blanc-jaunâtre, ferme, cassante ; eau sucrée, légèrement acidulée, d'un bon parfum. Mûrit de janvier en avril. — Cette très-bonne variété se cultive à haute et basse tige. (*A. Bivort.*)

REINETTE D'ANGLETERRE, *Pomme d'or* (Duhamel).

Le fruit de cette variété vigoureuse et fertile, est d'une bonne grosseur, plus long que rond et parfois aplati ; la peau est lisse, de couleur jaune-pâle, tachée ou striée inégalement d'un rouge-vif plus ou moins foncé ; sa chair blanc de lait a un goût acidulé, sucré, très-agréable.

Cette excellente Reinette mûrit en octobre et novembre, et parfois se conserve jusqu'en janvier ; elle est très-estimée ; elle mérite, dit Duhamel, autant qu'aucune autre d'être propagée.

D'après le *Jardinier Solitaire* de 1703, la Pomme d'or nous vient d'Angleterre ; elle est, dit-il, plus longue que ronde et jaune comme de l'or ; elle est tachetée de rouge ; son eau est très-sucrée, elle a le goût plus relevé que la Reinette. C'est une excellente pomme.

REINETTTE DE CAUX.

Le fruit de cette variété est gros, arrondi et fortement déprimé aux deux bouts ; sa peau, luisante, verte, passe au jaune-d'or à sa maturité ; elle est fortement panachée et striée de rouge-vif du côté du soleil et ponctuée de points gris sur toute sa surface ; sa chair est blanc de lait, d'une odeur suave et d'une saveur très-agréable. L'époque de maturité de cette bonne pomme arrive en janvier et se prolonge jusqu'en avril. (*A Bivort.*)

L'arbre est d'une grande vigueur et très-fertile, même sur franc en haute tige. Le fruit est bon crû, excellent cuit.

REINETTE DE CANADA BLANCHE, *Grosse Reinette d'Angleterre* (Duhamel). — Syn. : *Reinette grosse du Canada*, *Reinette de Caen. Reinette du Portugal*, *Reinette du Canada à côtes* (Cat. anglais).

Grand arbre vigoureux et fertile, un peu sujet aux chancres. Le fruit vient bien sur haute tige abritée, mais il donne, sur paradis, des produits beaucoup plus beaux.

Le bourgeon est gros, long et fort, rouge-brun, tiqueté, couvert d'un épais duvet, feuilles larges et épaisses. Fleurs moyennes et rosées en dedans.

Fruit remarquable par son volume, plus large que haut, bosselé et côtelé ; la queue courte, grosse à son extrémité, est plantée au fond d'une cavité large et unie. L'œil est placé dans un enfoncement très-creusé, bordé d'élévations assez saillantes, qui, se prolongeant sur la plus grande partie du fruit, y forment des côtes assez sensibles ; la peau, d'abord verdâtre, devient jaune-clair à la maturité ; elle est lavée de plaques blanchâtres, fortement tiquetée de points bruns-roussâtres, de diverses formes ; parfois elle se colore de rouge du côté du soleil.

La chair est bonne, moins ferme, et son eau moins relevée que celle des autres Reinettes, un peu sujettes à cotonner; cuite, elle est délicieuse.

Cette belle pomme mûrit avec la Calville blanche, qu'elle surpasse en grosseur. (*Duhamel.*)

REINETTE DE CANADA GRISE, *Russet royal, Reinette du Canada plate* (Cat. anglais).

Arbre vigoureux et fertile, qui, comme le précédent, vient bien sur haute tige; mais pour le même motif de l'autre, il est préférable de le cultiver à basse tige.

Fruit un peu moins gros que le Canada blanc, sphérique, déprimé, plus régulier ; épiderme totalement ombré de gris et marbré brun-clair ; le côté du soleil rougit un peu lorsque l'exposition et la saison ont été favorables ; chair ferme assez fine ; eau douce, sucrée, légèrement acidulée et fortement aromatisée. Ce beau fruit mûrit de novembre en avril. (*Annales de Pomologie.*)

La Reinette du Canada occupe un rang distingué parmi les meilleures espèces. Ce fruit, recherché des connaisseurs, se tient toujours à un prix très-élevé; il demanderait une culture plus étendue. Il est peu commun sur nos marchés.

REINETTE DORÉE. — Bel arbre vigoureux et fertile.

Fruit moyen, très-régulier, diminuant légèrement vers l'œil; épiderme d'un beau jaune, plaqué de roux et ponctué de gris-clair et quelque peu tacheté de rouge au soleil; chair ferme, remplie d'une eau douce acidulée assez agréable. Mûrit en octobre-novembre et va rarement jusqu'en janvier. (*A. Bivort.*)

Quoique sujet aux chancres, cet arbre, à floraison tardive, peut se cultiver à haute tige.

REINETTE DE HOLLANDE. — Syn. : *Reinette hollandaise ou de Batavia.*

Le fruit de cette variété est assez gros, sa hauteur est de sept centimètres et sa largeur de huit ; sa forme est un peu cylindrique; sa peau est résistante, jaune-clair dans la plus grande étendue, lavée de rouge-brun dans la partie qui reçoit l'influence solaire, et tiquetée de points gris peu saillants; chair blanc-jaunâtre, grenue, peu savoureuse; elle devient assez promptement cotonneuse.

Cette pomme, bien que de deuxième qualité, est assez abondamment cultivée. Elle mûrit en novembre, et se conserve jusqu'en janvier, lorsque la saison a été favorable. (*Couverchel.*)

REINETTE DE GRANVILLE.

Arbre vigoureux et très-fertile, d'un bon rapport en plein vent; fruit assez gros, arrondi, déprimé; épiderme jaune-doré à la maturité, ponctué de gris-roux et ombré de fauve; chair moelleuse remplie d'un sucre fin, vineux, sucré, acidulé; arome des Reinettes. Cette pomme mûrit en novembre et décembre. Cuite, elle est excellente. (*Annales de pomologie.*)

Cette variété mérite d'être propagée.

REINETTE FRANCHE (Duhamel).

Cet arbre, vigoureux et fertile, doit être de préférence cultivé à basse tige, greffé sur paradis ou doucin; il est, à haute tige, sujet aux chancres; fruit moyen, le plus ordinairement allongé; sa surface offre des traces de côtes; la peau lisse, d'abord vert-tendre, passe au jaune-clair à la maturité; elle est parsemée de points roux-grisâtres, qui rendent sa surface rugeuse; chair blanche, ferme, jaunissant un peu à la maturité du fruit; son eau sucrée, relevée et d'un goût très-suave, fait regarder cette pomme comme la meilleure des Reinettes. Mûrit en février et mars. (*Couverchel.*)

L'auteur du *Jardinier Solitaire*, 1703, dit: La Reinette franche est ancienne, bien connue et se garde jusqu'au printemps.

REINETTE GRISE DE PARMENTIER. — Gagnée par Parmentier à Enghien (Belgique).

Ce pommier est d'un développement vigoureux dans un bon sol; sa fertilité laisse à désirer; le fruit est gros ou moyen; il affecte plus particulièrement la forme d'une Reinette, et parfois celle d'un Calville à côtes; la peau est uniformément couverte de rouille grisâtre, sans la moindre trace de rouge; chair blanche, tendre, remplie d'un jus abondant, sucré, aigrelet. Ce fruit mûrit en décembre-janvier et se conserve plus tard. (*A. Bivort.*)

Il faut le cultiver à basse tige, car le fruit se détache facilement.

REINETTE THOUIN.

Cet arbre fertile doit être, de préférence, cultivé à basse tige; son fruit est moyen et sa forme celle d'une Reinette un peu allongée; épiderme lisse, gris-roussâtre; sa chair, blanche et savoureuse, se distingue par un arôme particulier très-suave.

Cette pomme excellente justifie l'honneur d'un si digne patronage; sa maturité s'effectue en décembre et se prolonge jusqu'en mars. (*Couverchel.*)

Cet arbre, à floraison hâtive, ne donne bien en plein vent que dans les endroits abrités.

TRANSPARENTE D'ASTRACAN. — Syn. : *de Moscovie, de Zurich, Glace de Zélande, Madeleine blanche, Passe-Pomme blanche.*

L'arbre qui produit cette variété est vigoureux et assez fertile; fruit moyen, de forme peu constante, mais cependant un peu allongé; peau fine, lisse, couleur blanc de cire et couverte d'une sorte de poussière glauque très-tenue qui la fait paraître transparente; la chair, blanche, délicate et fine, est peu savoureuse. Cette pomme d'ornement est très-hâtive. Elle mûrit en août, et ne se conserve guère au-delà d'octobre. (*Couverchel.*)

A cette époque, elle devient cotonneuse.

VIOLETTE DES QUATRE GOUTS, *Pomme framboisée* (J. François, 1703), *Violette* (de Laquintinie), *Reinette des quatre goûts.*

Arbre vigoureux, assez fertile, qui peut être cultivé à haute tige dans les vergers; fruit moyen, déprimé, plus large à la base qu'au sommet; épiderme lisse, luisant, fortement marbré et rayé de rouge-vif du côté du soleil; chair fine, moelleuse; eau sucrée, acidulée, d'un parfum suave, ayant quelque affinité avec celui de la framboise. Mûrit en septembre et octobre. C'est une bonne pomme précoce.

Variétés spéciales à la localité.

CUCOUSU. — Peut-être le Court-Pendu dur cité par le *Jardinier François*, 1703.

Arbre vigoureux, assez fertile, pour verger à haute tige ; fruit gros, arrondi, déprimé, aplati, creusé à la base d'une cavité où s'implante une queue très-courte ; œil ouvert, gris ou vert-foncé dans la circonférence ; épiderme jaune-pâle ou verdâtre, pointillé de lenticelles blanchâtres, jaunissant à la maturité ; chair vineuse, acidulée, d'abord très-dure, mais excellente cuite sous la cendre et au four. Mûrit en décembre et va jusqu'en mars.

Cette pomme est d'une grande ressource à la campagne où elle est généralement cultivée. Dans les sols froids ou humides, l'arbre est sujet aux chancres.

POMME GLACE, *Transparente* (Duhamel), *Blanche glacée*, (J. François, 1703). — Syn. : *Pomme Glace d'hiver*, *Pomme Citron*, *Pomme d'orange*.

Arbre vigoureux et très-fertile ; fruit gros, sphéroïde, renflé vers le pédoncule et diminuant vers l'œil ; épiderme lisse, luisant, vert-clair, légèrement frappé de rouge sur la partie exposée au soleil, prenant une belle teinte jaune à la maturité ; sa chair est blanche, tendre, et son eau abondante est relevée d'acidité qui rend cette pomme très-bonne étant cuite. Mûrit en décembre et janvier.

Le fruit peut se garder beaucoup plus longtemps sans pourrir ; mais alors ce n'est plus qu'une pomme d'apparat, son eau étant insipide et désagréable. (*Duhamel.*)

Cette variété productive est très-répandue aux environs d'Amiens ; ses fruits sont abondants sur nos marchés.

POMME NEIGE (Jardinier François, 1703).

Arbre de haute tige, vigoureux et fertile ; fruit gros, aplati, bosselé, surtout vers l'œil, qui est ouvert ; pédoncule court et peu enfoncé ; épiderme jaune, lavé et veiné de rouge-clair du côté du soleil ; chair tendre, granuleuse et légèrement sucrée ; assez bonne crûe, meilleure cuite.

Cette pomme, abondante sur nos marchés, mûrit en novembre, décembre et janvier.

QUENEPIN.

Arbre vigoureux, assez fertile, pour plein vent ; fruit gros ou assez gros, ayant quelque ressemblance avec le gros Roquet rouge, mais de forme plus allongée ; épiderme verdâtre, veiné de rouge-vif et de taches rouges plus foncées ; pédoncule mince et sortant du fruit ; chair filandreuse, sucrée et douce ; à cuire. Mûrit de novembre en janvier.

Ce fruit se détache facilement.

QUESNEL.

Arbre d'une bonne vigueur et très-propre en plein vent ; fruit petit ou moyen, arrondi, plus large que haut ; épiderme jaune-pâle, légèrement coloré de rouge-vif sur la partie qui reçoit plus directement les rayons solaires ; chair fine, cassante, juteuse, sucrée et un peu acidulée, excellente. Cette pomme, bonne à manger crûe, dès qu'on la cueille, se conserve tout l'hiver sans cotonner.

Cette bonne variété, autrefois très-cultivée dans nos hortillonnages, tend de plus en plus à disparaître ; il en est de même pour la plupart de nos vieilles variétés.

RAMBOUR LEBEL. — Obtenue, en 1830, par notre confrère Jacques Lebel, alors pépiniériste, au faubourg de Hem, Amiens.

Cet arbre, de haute tige, est d'une belle vigueur et d'une grande fertilité.

Le fruit, gros, est arrondi et déprimé vers ses deux pôles ; la peau fine, lisse et luisante, vert-clair, est ponctuée de points gris et légèrement colorée du côté du soleil, elle jaunit à sa maturité ; chair blanche, tendre, un peu molle ; eau assez sucrée, acidulée, rafraîchissante. Cette belle pomme mûrit en novembre et va jusqu'en février.

Ce fruit est très-avantageux pour le marché.

REINETTE BLANCHE HATIVE.

Cette variété, d'une bonne vigueur, est très-fertile ; pour plein vent ; le fruit, assez gros de forme, un peu allongé, tient bien à l'arbre ; la peau est lisse, résistante, de couleur blanc-verdâtre ou jaune-tendre, tiquetée de points vert-brun, assez réguliers ; la chair, assez délicate, d'abord très-acide, s'adoucit et devient savoureuse ; on la mange dès la mi-octobre, et se conserve jusqu'en décembre. On en fait de la gelée de pommes et de la marmelade.

VERDIN D'ÉTÉ, GROS VERDIN.

Cet arbre, vigoureux et très-fertile, se cultive en haute tige; fruit gros, déprimé, plus large à sa base que vers l'œil, qui est grand et ouvert; la queue, très-courte, n'arrive pas à fleur du fruit ; épiderme jaune-verdâtre, rayé et légèrement coloré de rouge du côté du soleil; passant au jaune à sa maturité qui arrive en octobre et se prolonge jusqu'en novembre.

Cette pomme, très-estimée, est bonne crûe et en pâtisserie.

VERDIN D'HIVER.

Cet arbre, comme le précédent, se cultive à haute tige ; beau et gros fruit, de forme allongée, renflé vers la queue et diminuant vers l'œil; pédoncule très-court, enfoncé dans une cavité profonde; épiderme jaune-verdâtre, rouge-vermillon, rayé et plaqué de rouge plus foncé sur la partie exposée au soleil; chair parfumée bonne à manger crûe, excellente cuite. Mûrit en décembre et se conserve jusqu'en mars. Elle perd de sa qualité en vieillissant et prend un peu d'amertume.

Ces deux variétés sont abondantes sur le marché.

PÊCHER.

Le pêcher est certainement le plus remarquable de tous nos arbres par la beauté de ses fruits, la délicatesse de leur parfum, la suavité de leur goût.

Etant originaire d'un pays plus chaud que le nôtre, pour réussir dans notre climat, le pêcher doit être exposé le long d'un mur au levant ou au midi ; il ne réussit que médiocrement au couchant ; il se greffe sur amandier et sur prunier et exige un sol profond, perméable, de consistance moyenne et surtout contenant une certaine proportion de matière calcaire ; dans les sols très-légers et exposés à la sécheresse, sa végétation est languissante, ses fruits restent petits et deviennent amers. Dans les terrains compactes, humides, les arbres poussent d'abord vigoureusement, mais ils sont bientôt atteints de la maladie de la gomme qui les ruine complètement.

Les pêches, dont la maturité arrive en octobre, acquièrent rarement chez nous toutes leurs bonnes qualités.

PÊCHERS.

15 Variétés.

ADMIRABLE (Duhamel). — Arbre très-vigoureux et fertile.

Cette belle pêche mérite bien le nom qu'elle porte, non-seulement à cause de son volume, mais encore pour sa couleur jaune-vif et la suavité de son goût : elle est un peu moins haute que large, le sillon qui la divise la partage en deux lobes dont l'un est plus ventru que l'autre ; la peau, d'un vert-tendre, passe au jaune et se nuance d'un beau rouge-vif du côté du soleil ; elle est couverte d'un duvet cotonneux peu adhérent à la chair; celle-ci est ferme, fine, fondante, blanche, excepté auprès du noyau où elle est rouge-pâle ; elle est d'un goût vineux, fin et relevé, excellent. Mûrit fin de septembre. (*Duhamel.*)

Cet arbre, qui est sujet à la cloque, demande une bonne exposition.

BELLE BAUSSE (Poiteau).

Cette variété, vigoureuse et très-fertile, a beaucoup d'analogie avec la Grosse Mignonne ; les légères différences qu'elle présente sont à son avantage ; le fruit est plus gros, d'une forme régulière, généralement arrondi et un peu aplati au sommet qui offre une cavité assez profonde ; la peau, peu adhérente à la chair, est fine, duveteuse, lavée de rouge-brun du côté du soleil ; la chair est fondante, blanc-jaunâtre et sucrée, de toute première qualité. La maturité arrive du 15 au 30 septembre.

M. Poiteau regarde cette pêche comme une Grosse Mignonne perfectionnée, et non comme une nouvelle espèce ; elle a été, dit-on, obtenue par Bausse, de Montreuil.

BELLE DE DOUÉ, *ou Monstrueuse de Doué.* — Obtenue par M. Moriceau, de Doué (Maine-et-Loire).

Arbre assez vigoureux et fertile ; beau et bon fruit, de grosseur moyenne, ressemblant beaucoup à la Grosse Mignonne hâtive dont on le dit un gain. Cette variété, très-sensible au froid et à l'humidité, mûrit à la mi-août. Elle prospère peu sous notre climat. Fruit d'amateur.

BELLE DE VITRY, *Admirable Tardive* (Duhamel).

Arbre fertile et assez vigoureux ; les feuilles sont grandes et parfois dentelées ; fleurs moyennes, de couleur rose ou rouge-brun ; fruit gros, rond, aplati ; le sillon qui le divise est peu profond ; la peau, de couleur vert-blanchâtre, prend une teinte rouge peu intense du côté du soleil ; elle se sépare facilement de sa chair ; celle-ci est blanc-verdâtre dans presque toute sa substance, mais cependant veinée de rouge autour du noyau ; elle est succulente et très-suave. Cette pêche, de première qualité, mûrit vers la fin de septembre.

Pour être bonne, dit Duhamel, il faut qu'elle soit bien mûre ; ce qui a lieu après avoir passé un jour ou deux au fruitier.

BONOUVRIER, *Chevreuse Tardive* (Duhamel).

Arbre de vigueur moyenne, très-fertile; feuilles grandes, légèrement dentelées; fleurs petites, de couleur rouge-brun; fruit assez gros, ovale, se terminant au sommet par un mamelon assez saillant; peau jaune-verdâtre dans sa plus grande étendue et pourprée du côté du soleil; chair blanche, veinée de rouge autour du noyau, qui est adhérent, fondante, sucrée et d'un goût très-agréable.

Cette pêche mûrit fin de septembre et quelquefois en octobre. (*Duhamel.*)

C'est la meilleure pêche tardive estimée à Montreuil, près Paris.

BOURDINE DE NARBONNE (Duhamel et Jardinier Solitaire, 1703), *Bourdin* (Jardinier François, 1703), *Belle de Tillemont* (Cat. de Bavay).

Arbre vigoureux et fertile, feuilles grandes, d'un beau vert-foncé, luisantes, fleurs petites, couleur de chair, bordées de carmin; fruit assez gros, presque rond, un peu plus haut que large; la gouttière est plus large et plus apparente que celle de la Mignonne; la queue est placée dans une cavité assez profonde; la peau, duveteuse, colorée d'un beau rouge du côté du soleil, quitte aisément la chair, qui est blanche, nuancée de rouge vers le noyau, elle est fine et fondante; son eau est vineuse et d'un goût excellent. Mûrit fin de septembre et en octobre. (*Duhamel.*)

Cette variété, quoique de deuxième qualité sous notre climat, meilleure et plus productive que le Teton de Vénus, doit lui être préférée.

DOUBLE DE TROYES, *Pêche de Troyes, Petite Mignonne hâtive* (Duhamel), *petite Madeleine de Lyon.*

Arbre plus vigoureux que l'avant Pêche rouge et également fertile; ses rameaux sont grêles; ses feuilles, lisses et unies, sont très-finement et légèrement dentelées; ses fleurs petites le distinguent bien de l'avant Pêche rouge; son fruit, presque sphérique est beaucoup plus gros que cette dernière, mais plus petite que la Grosse Mignonne; il se termine au sommet par un mamelon qui fait saillie; la peau mince, duveteuse, d'un beau jaune pointillé de pourpre, est colorée et nuancée de rouge-vif du côté du soleil; sa chair est blanche, assez ferme ; sa saveur est agréable, légèrement aromatique ; elle est peu adhérente au noyau. Deuxième qualité. (*Couverchel.*)

Cette pêche, dont la maturité arrive au commencement d'août, est assez recherchée à cause de sa précocité.

GALLANDE, *Belle Garde* (Duhamel), *Noire de Montreuil.*

Arbre vigoureux, très-fertile dans le terrain qui lui convient ; feuilles grandes, lisses, vert-foncé ; fleurs rose-tendre, très-petites ; fruit gros, surmonté d'un petit mamelon et divisé par un sillon peu profond; la peau, duveteuse, se colore en rouge-pourpre qui passe au noir lors de sa maturité; la chair est généralement ferme et blanche; elle prend autour du noyau une teinte d'abord rosée, puis rouge, sa saveur est sucrée et agréable. Première qualité. (*Couverchel.*)

C'est une des bonnes pêches qui mûrissent en septembre ; elle résiste aussi assez facilement aux intempéries.

GROSSE MIGNONNE HATIVE, *Grosse Mignonne frisée* (à Vitry), *véritable Pourprée hâtive à grande fleur* (Duhamel).

Arbre vigoureux et productif ; ses feuilles, d'un vert-tendre, sont terminées en pointes très-aiguës ; ses fleurs, grandes, d'un rose-vif, s'ouvrent bien; la peau du fruit, qui est gros, rond, est couverte d'un duvet fin et épais ; elle est d'un beau rouge-foncé du côté du soleil ; elle se détache facilement de la chair ; celle-ci est fine, très-fondante, blanche, excepté autour du noyau où elle prend un peu de rouge-vif ; l'eau est abondante, très-fine et excellente. Cette belle pêche, qui peut être regardée comme une des meilleures, mûrit au commencement d'août. (*Duhamel.*)

Cette variété est cultivée à Vitry-sur-Seine sous le nom de *Grosse Mignonne hâtive, ou Mignonne frisée.*

GROSSE MIGNONNE, *Velouté de Merlet* (Duhamel).

Les bourgeons de cet arbre vigoureux et fertile sont menus et rouges du côté du soleil ; les feuilles, grandes, d'un vert-foncé, sont finement et légèrement dentelées ; fleurs grandes, d'un rouge très-vif; fruit gros, dont le diamètre dépasse un peu la hauteur ; la peau est fine et duveteuse, de couleur jaune dans sa plus grande étendue, et rouge-foncé du côté du soleil ; elle se sépare facilement de sa chair qui est blanche, marbrée de stries roses autour du noyau ; elle est succulente, douce, sucrée et très-suave. Le noyau a quelques points d'adhérence avec elle. Cette pêche mûrit au commencement de septembre. (*Couverchel.*)

La tardive Lepère est une pêche analogue qui mûrit également en septembre.

MADELEINE ROUGE, *Madeleine de Courson* (Duhamel), *Grosse Madeleine*, *Magdelaine rouge* (Jardinier Solitaire, 1703).

Arbre plus vigoureux que la Madeleine blanche et plus fertile ; feuilles grandes, vert-foncé, et profondément dentelées ; fleurs assez grandes, rouge-vif ; le fruit, gros, complètement rond, diffère de la Madeleine blanche en ce qu'il se colore de beau rouge-vif du côté du soleil ; sa chair blanc de lait, veinée de rouge au centre, est fondante et très-sucrée, elle se détache aisément du noyau. Première qualité.

Cette pêche, très-estimée, mûrit au commencement de septembre. (*Coulombier.*)

MALTE, *Belle de Paris* (Duhamel).

Arbre assez vigoureux et fertile ; feuilles grandes, aplaties et profondément dentelées ; fleurs grandes, roses, pâles ; fruit moyen, presque sphérique et légèrement aplati à la base ; la peau épaisse se sépare assez facilement de la chair ; elle est duveteuse, d'un vert-blanchâtre d'abord, puis elle prend une teinte jaune et se marbre de rouge-foncé du côté du soleil ; la chair est blanche, très-délicate, striée d'un peu de rouge auprès du noyau ; sa saveur est douce et sucrée.

Cette pêche, ordinairement très-succulente, a beaucoup d'analogie avec la Madeleine blanche ; elle est cependant un peu moins hâtive ; sa maturité arrive vers le 15 septembre. C'est un fruit de première qualité très-recommandable. (*Couverchel.*)

POURPRÉE HATIVE, VINEUSE (Duhamel). — Cultivée à Vitry sous le nom de *Grosse Mignonne ordinaire* ou *Vineuse de Fromentin.*

Ce pêcher est assez vigoureux et très-fertile ; les fleurs sont grandes, de couleur rouge-vif ; les feuilles sont d'un vert-foncé et plus grandes que celles de la Grosse Mignonne ; la pêche est d'un beau volume, un peu plus longue que ronde, divisée latéralement par un sillon assez prononcé, mais peu profond ; la peau, duveteuse, est généralement d'un rouge très-foncé ; la chair est blanche, excepté à la superficie et au centre ; elle est succulente, sucrée, d'un goût vineux assez prononcé ; le noyau se détache facilement ; elle mûrit dans la dernière quinzaine d'août. Première qualité. Duhamel la range auprès de la Grosse Mignonne dont elle est une variété ; c'est un fruit recommandable.

POURPRÉE TARDIVE (Duhamel).

Ce pêcher est un arbre vigoureux ; les feuilles sont grandes, dentelées, pliées et contournées en différents sens. Les fleurs sont très-petites ; le fruit est rond, gros, quelquefois un peu aplati vers la tête ; la peau, duveteuse, est généralement d'un rouge-vif-foncé du côté du soleil et jaune-pâle du côté de l'ombre ; la chair est succulente, très-rouge auprès du noyau ; l'eau est douce et d'un goût relevé. Cette pêche mûrit à la fin de septembre et au commencement d'octobre, suivant que la saison est plus ou moins favorable. Bonne qualité. (*Duhamel.*)

L'arbre est souvent attaqué par le blanc.

Les pépiniéristes de Vitry cultivent depuis très-longtemps cette variété sous le nom de *Pourprée hâtive,* bien qu'elle soit tardive.

PUCELLE DE MALINES (variété née en Belgique d'un semis du major Esperen).

Arbre assez vigoureux, ayant le port de la Malte ; feuilles dentelées ; rameaux bruns, rougeâtres ; fruit moyen ; peau duveteuse et marbrée, se colorant plus facilement que la Malte ; chair fine, fondante ; eau abondante et agréable. Cette pêche, de très-bonne qualité, mûrit dans la première quinzaine de septembre.

Cette variété, assez délicate, ne prospère bien que dans les terres chaudes et substantielles. (*Coulombier.*)

REINE DES VERGERS. — Obtenue par M. Jonot, de Lorix-lez-Doué (Maine-et-Loire).

Arbre très-vigoureux et fertile; rameaux minces, élancés, très-colorés ; feuilles vert-foncé; fleurs petites, rose-vif; fruit très-gros ; peau duveteuse, marbrée de rouge sur toute sa surface ; chair assez bonne, mais pas toujours de première qualité. Mûrit vers la fin de septembre sous le climat de Paris. (*Coulombier.*)

TETON DE VÉNUS (Duhamel).

Arbre vigoureux, à cultiver à bonne exposition en terrains chauds et légers; feuilles vert-foncé et très-finement dentelées ; fleurs petites, roses et chiffonnées ; fruit gros ou très-gros, dont le diamètre ne dépasse guère la hauteur ; le sillon longitudinal qui la partage est peu prononcé, il se prolonge au-delà du mamelon qui surmonte son sommet ; la peau, couverte d'un duvet fin, est de couleur jaune-pâle et faiblement colorée du côté du soleil ; la chair est blanche, nuancée de jaune à la circonférence et marbrée de rouge près du noyau ; elle est succulente, d'une saveur sucrée, acide, et d'un arôme très-suave; elle mûrit fin septembre et en octobre. Deuxième qualité. (*Duhamel.*)

Cette variété est de bonne qualité quand elle réussit bien ; dans les années pluvieuses et froides, elle est médiocre et mûrit difficilement.

BRUGNON STANDWICH (Nectarine, le meilleur Brugnon).

Arbre vigoureux et fertile ; feuilles larges ; fleurs grandes, d'un beau rose-vif; fruit plus gros que le Brugnon violet ; peau lisse et verdâtre, lavée de rouge à l'ombre, et très-colorée du côté du soleil ; sa chair est ferme, fine, et sa saveur sucrée. Ce beau Brugnon mûrit fin de septembre ; malheureusement il est sujet à se fendre ou à tomber avant la maturité ; une bonne exposition lui est également nécessaire. (*Coulombier.*)

Le Brugnon Chauvière, qui passe pour une nouveauté, n'a pas les qualités de celui-ci.

BRUGNON VIOLET MUSQUÉ (Duhamel), *Brugnon rouge.*

Arbre moyen, vigoureux et fertile; feuilles très-finement dentelées ; fleurs petites, rouge-pâle ; fruit moyen, presque rond ; peau lisse, luisante, dépourvue de duvet, blanc-verdâtre dans sa plus grande étendue et d'une nuance violet très-foncé du côté du soleil; sa chair est ferme, cassante, un peu musquée, rouge près du noyau auquel elle est adhérente. Mûrit fin de septembre. Cette variété demande une exposition chaude. Cette sorte de pêche, pour acquérir toutes les qualités qui la distinguent, doit être abandonnée dans la fruiterie pendant quelques jours avant d'être mangée. (*Duhamel.*)

Le Brugnon blanc est un arbre délicat qui n'est cultivé que par de vrais amateurs ; le fruit, également bon, mûrit un peu plus tôt.

GROSSE VIOLETTE HATIVE (Duhamel).

Pêche lisse, ancienne, rangée dans les Brugnons. L'arbre de cette variété est vigoureux et fertile ; sa fleur est petite, de couleur rose-vif ; son fruit, plutôt moyen que gros, est sphéroïde ; la peau est lisse-glabre, elle adhère fortement à la chair ; sa couleur, d'abord vert-jaunâtre, se nuance de rouge-violet très-foncé du côté du soleil ; la chair est blanche, nuancée de jaune-clair, et d'un rouge assez intense dans la partie qui avoisine le noyau ; elle est fondante et d'un goût vineux, mais elle n'atteint toute sa perfection que lorsque la saison a été favorable ; sa maturité arrive vers la mi-septembre à bonne exposition. (*Couverchel.*)

ABRICOTIER.

L'abricotier aime une terre chaude, légère et profonde; planté dans un sol froid et argileux, il ne produit que des fruits de médiocre qualité.

On le place en espalier, au levant et au midi; les fruits de ces expositions deviennent ordinairement très-beaux, et la production est plus assurée qu'en plein vent. On le plante également à hautes tiges, mais il a besoin, dans cette position, d'être convenablement abrité contre les vents froids et les gelées printanières, qui détruisent les fleurs. Si les arbres d'espalier donnent de plus beaux fruits, ceux de plein vent sont plus colorés et meilleurs.

L'abricotier est un peu moins exigeant que le pêcher sous le rapport du climat; quant au sol, il est le même.

ABRICOTS.

6 Variétés.

ABRICOT ALBERGE (Duhamel), *Albergier de Tours.*

Cet abricotier devient aussi grand que le commun, et réussit mieux en plein vent qu'en espalier; il est très-fertile. Le fruit, généralement moins haut que large, prend une belle teinte jaune dans toute son étendue et se nuance de rouge au soleil; sa chair, de couleur rougeâtre, a une saveur assez relevée, légèrement vineuse, mêlée d'un goût particulier qui n'est pas désagréable. Mûrit au commencement d'août.

Cet arbre est abondamment cultivé aux environs de Tours, et son fruit y est très-estimé, surtout la variété connue sous le nom d'Alberge de Montgamet. (*Couverchel.*)

ABRICOT ANGOUMOIS, *Angoumois hâtif* (Duhamel).

Le fruit de cette variété, qui demande à être cultivée en plein vent, est moyen et de forme un peu allongée; le sillon qui le divise est peu profond ; sa peau est de couleur jaune-orange du côté du soleil; sa chair de même couleur est fondante, savoureuse et légèrement aromatique. Le noyau est isolé.

Cet abricot est hâtif, assez estimé, surtout lorsqu'il est le produit d'un plein vent ; l'espalier lui convient peu, mais il n'est pas difficile sur le terrain. (*Couverchel.*)

ABRICOT COMMUN (Duhamel). — Cet abricotier est des plus vigoureux et très-fertile ; le fruit atteint généralement le volume de l'Abricot-Pêche de Nancy, mais il est plus pâle, plus allongé et ne se couvre pas de taches rouge-brun, qui sont l'indice d'une grande suavité; sa chair est pâle, peu savoureuse, à moins cependant qu'il ne provienne de plein vent ; donc il vaut mieux le cultiver à haute tige.

Cette variété est très-abondante aux environs de Paris ; elle mûrit généralement vers la fin de juillet. (*Couverchel.*)

ABRICOT DE NANCY (Duhamel), vulgairement nommé *Abricot-Pêche.* — Cet abricotier, aussi vigoureux que fertile, produit sans contredit le plus beau et le meilleur de tous les abricots, surtout lorsque l'arbre qui le porte croît en plein vent ; ce fruit est beaucoup plus gros que celui de l'abricotier commun, son diamètre dépasse souvent sa hauteur; sa peau, de couleur jaune-fauve, est teintée de rouge du côté du soleil; sa chair jaune-orange est savoureuse, et son eau abondante, d'un goût relevé, très-agréable.

L'Abricot-Pêche mûrit dans les premiers jours d'août ; il n'a d'analogie avec la pêche que par son volume ; aussi est-ce à tort qu'on s'est appuyé sur ce caractère pour lui donner la dénomination impropre qu'il a conservée malgré les judicieuses observations de MM. Poiteau et Turpin, et de Duhamel lui-même. (*Couverchel.*)

L'arbre qui porte ce fruit délicieux se met également en espalier et en plein vent.

ABRICOT PRÉCOCE, *Abricotin hâtif musqué* (Duhamel).

Arbre assez vigoureux et assez fertile, pour espalier au midi ou au levant; fruit petit, presque sphérique ; il est divisé par un sillon assez large, mais peu profond ; sa peau, lorsqu'il atteint son maximum de maturité, est jaune et nuancée de rouge du côté exposé au soleil; sa surface offre, en outre, quelques taches brunes; sa chair est d'un jaune peu foncé, et quitte le noyau.

Cet abricot est de qualité médiocre; son seul mérite est dans sa hâtivité ; il mûrit en effet, lorsque la saison a été favorable, dans les premiers jours de juillet. Cette variété se reproduit de noyau. (*Couverchel.*)

ABRICOT ROYAL.

Cet arbre, vigoureux et fertile, se cultive en espalier et en plein vent; son volume égale celui de l'Abricot-Pêche de Nancy, dont il semble n'être qu'une sous-variété; sa chair est aussi suave que celle de ce dernier dont il procède; il se distingue surtout par sa large rainure, qui divise son noyau. Ce beau et excellent fruit mûrit au commencement d'août.

L'Abricot Royal a été obtenu vers 1809, à la pépinière du Luxembourg, d'un pepin de noyau d'Abricot-Pêche.

En 1815, le duc de Grammont présentait cette variété au roi Louis XVIII. Sa Majesté l'ayant trouvée bonne, on lui donna le nom d'Abricot Royal. (*Couverchel.*)

CERISIER.

La cerise est sans contredit l'un des fruits les meilleurs et les plus utiles ; la consommation qu'on en fait à l'état frais est considérable; on la conserve sous forme de confitures, dans l'eau-de-vie, ou desséchée comme les pruneaux; on en fait aussi diverses liqueurs.

Le cerisier croît à peu près partout ; cependant il préfère une terre légère, franche et substantielle ; il craint surtout l'excès d'humidité séjournant sur ses racines. Il se cultive sous trois formes différentes ; savoir : le haut vent pour les vergers, la pyramide pour les jardins, et l'espalier le long des murs ; au midi, si l'on veut obtenir des fruits très-précoces, au couchant et au nord, si l'on veut en avoir de très-tardifs. Le haut vent est greffé sur le cerisier ou merisier sauvage. La pyramide et l'espalier sur le prunier de Sainte-Lucie ou Mahaleb, sujet qui tempère la végétation et qui s'accommode de tous les terrains quand il ne sont pas trop argileux.

Les cerisiers et les pruniers, si nombreux il y a soixante ans dans la vallée de Somme, tendent de plus en plus à disparaître. Les gelées tardives et les pluies froides et glacées qui surviennent au printemps ne frappent pas seulement les arbres de stérilité, mais ils déterminent des maladies qui les font périr en peu d'années.

Nous recommandons pour ces espèces une exposition chaude et abritée.

CERISES.

18 Variétés.

BIGARREAU A GROS FRUIT ROUGE (Duhamel).

Ce fruit, l'un des plus gros du genre, atteint généralement une bonne grosseur; sa peau est luisante, assez mince et très-adhérente à la chair; d'abord d'un blanc-jaunâtre, elle se nuance de stries rouge-vif qui passent au rouge-brun à la maturation; la pulpe est ferme, succulente, d'une saveur douce et sucrée; ce fruit, le meilleur des bigarreaux, mûrit vers la mi-juillet. (*Couverchel.*)

Cet arbre, assez fertile, est peu propre à former des pyramides. C'est à haute tige en plein vent qu'il faut le cultiver.

BIGARREAU COMMUN (Duhamel). — Syn. : *Graffion des Anglais*, *Bigarreau Royal*, *Gros Bigarreau*, *Bigarreau de Hollande* (Cat. Anglais).

Le fruit, d'un assez beau volume, est, en général, déprimé du côté du sillon; sa peau est jaunâtre, lavée ou plutôt bigarrée de rouge assez vif; c'est sans doute à cette circonstance qu'il doit sa dénomination caractéristique; sa chair est ferme; son eau abondante, très-agréable; mûrit au commencement de juillet. Très-fertile. (*Couverchel.*)

BIGARREAU, *Belle de Rocquemont* (Duhamel).

Ce fruit, qui est regardé comme l'un des plus beaux du genre, est gros, cordiforme, ayant un peu moins en diamètre qu'en hauteur; sa peau, de couleur jaune-d'or, se bigarre de rouge-vif du côté du soleil; le sillon qui divise le fruit est très-peu prononcé, mais il se termine par une petite protubérance assez saillante; sa chair est blanche; son eau est abondante et relevée. Ce beau bigarreau mûrit fin juin et en juillet.

Dans quelques jardins, dit Duhamel, en parlant de ce bigarreau, on commence à cultiver, sous le nom de Belle de Rocquemont, un bigarreautier dont le port et toutes les parties ne diffèrent point du bigarreautier commun. Quoi qu'il en soit, cet excellent bigarreau mérite d'être moins rare.

BIGARREAU GROS CŒURET (Poiteau). — Syn.: *Cœur de Pigeon*, *Marcelin* (Cat. A. Leroy).

Ce bigarreau est de volume médiocre; sa forme, comme son nom l'indique, rappelle celle d'un cœur; il est déprimé sur les deux faces, et au lieu de présenter, comme dans les autres variétés, un sillon latéral, il est partagé par une ligne saillante, un peu plus colorée que le reste de la surface; sa peau, sur un fond jaunâtre, est marquée de stries d'abord rouge-cramoisi, puis brunes et enfin presque noires, lors de sa maturité complète, qui arrive vers la mi-juillet.

Cette variété, incontestablement l'une des meilleures, est assez communément cultivée et mérite de l'être. Très-fertile. (*Couverchel.*)

BIGARREAU NAPOLÉON.—Ainsi nommé par Parmentier et obtenu par lui dans ses pépinières d'Enghien. — Syn. : *B. Wellington Lanermann* (Cat. Wilhelm).

Arbre vigoureux, médiocrement fertile, fruit en cœur, gros, rose-marbré ; chair tendre, saveur douce, sucrée, très-bonne. Mûrit fin de juillet-août. Toute forme. Fruit d'amateur.

Le Bigarreau Jaboulay, nouvellement obtenu par M. Jaboulay, pépiniériste, à Oullins (Rhône), est, dit-on, gros, bon, précoce, et l'arbre fertile.

GUIGNE BLANCHE, *Guignier à fruit blanc* (Duhamel).

Les fruits de cette variété fertile sont moyens, un peu plus renflés du côté du pédoncule que du côté de l'œil ; sa peau, lisse et luisante, est d'un blanc de cire, mais elle se teinte de rose du côté qui reçoit plus directement l'influence solaire ; sa chair est blanc-jaunâtre, succulente, assez agréable ; le noyau, assez gros, s'en sépare difficilement. — Cette variété mûrit à la fin de juin. (*Couverchel.*)

Fruit d'amateur, dont les oiseaux sont très-friands.

BELLE DE CHOISY (Noisette), *Cerise à fruit ambré* (Duhamel). — Syn. : *De la Palembre; Belle Audigeoise*, *Dauphine*, *Nouvelle d'Angleterre*.

Cette belle variété est très-estimée tant pour sa saveur que pour sa couleur qui est rouge-clair, ambrée ; sa surface est tiquetée de points bruns ; son fruit, gros, est généralement arrondi au sommet et déprimé à la base ; sa chair est d'une contexture si délicate qu'en présentant le fruit entier à l'œil et à la lumière on aperçoit le noyau.

Cette cerise est sans contredit une des plus belles et des plus recherchées. Il est à regretter que l'arbre qui la produit soit si peu productif; c'est, dit Duhamel, un défaut commun aux bonnes cerises de ne pas produire abondamment. Mûrit fin juillet-août. (*Couverchel.*)

BELLE MAGNIFIQUE, *Cerise de Spa,* nommée par M. de Bavay, *Belle de Chatenay*, *Belle de Sceaux,* nom de villages des environs de Paris.

Arbre fertile et très-vigoureux ; fruit gros, rond, rouge-clair, de toute première qualité. Mûrit en août. Toutes formes. (*De Bavay.*)

Couverchel, en parlant de la Cerise de Spa, s'exprime ainsi : « Il faut, dit-il, au nombre des variétés nouvellement obtenues, ranger le Bigarreau ou la Cerise de Spa, remarquable par sa forme ovale, sa couleur rouge-pâle, qui passe au rouge-vif lors de la maturité ; la longueur de son pédoncule, qui paraîtrait plutôt appartenir à une cerise douce, et enfin l'acidité de sa pulpe qui rappelle la saveur de la Cerise, la rapproche plus de la cerise que du bigarreau. » Cette cerise aurait, paraît-il, été obtenue en même temps que le Bigarreau Napoléon.

DE PLANCHOURY (Docteur Bretonneau). — Cette belle et bonne variété nous a été communiquée par notre honorable correspondant, M. Audusson-Hiron, horticulteur à Angers (Maine-et-Loire).

L'arbre paraît vigoureux. On le dit très-fertile ; le fruit est gros, cordiforme ou arrondi, de couleur rouge assez foncée; il mûrit fin juillet et août. Toutes formes.

Nous signalons aux amateurs les variétés suivantes : Impératrice Eugénie et la Belle d'Orléans, toutes deux adoptées par le Congrès pomologique.

CERISIER NAIN à fruit rond, précoce (Duhamel). *Indule d'Orléans.*

Le mérite de ce petit cerisier consiste dans sa précocité ; on le met ordinairement en espalier exposé au midi, où sa taille excède rarement 1 mètre 30 ; le fruit est petit, rond, aplati par ses extrémités; la peau dure, d'un rouge-clair, devient assez foncée à la maturité du fruit ; la chair est blanche et un peu sèche ; l'eau est aigre et sûre ; il est estimé de quelques amateurs parce qu'il mûrit avant tous les autres fruits, à la fin de mai ou au commencement de juin ; il orne les desserts, se mange en compotes ou glacé de sucre.

Le Maye-Duke, dont les fruits sont excellents, plus charnus, et presque aussi précoces, est préférable à ce cerisier. (*Duhamel.*)

REINE HORTENSE. *Monstrueuse de Bavay*, *Merveille de Hollande*, *Merveille de Jodoigne*, *Lemercier*, *Belle de Laeken* (Cat. de Bavay), *Louis XVIII*, *Moustier*, *Bouvroye*, *Guigne de Petit Brie* (Société Van Mons).

Cette variété, dit M. de Bavay, a été mise par nous dans le commerce vers 1826, c'est-à-dire dix à douze ans avant qu'on l'ait cultivée en France sous le nom de Reine Hortense.

Arbre moyen, vigoureux et peu fertile, pour haut vent, pyriforme et espalier au levant et au couchant, fruit très-gros, cordiforme, d'un beau rouge-vif; de toute première qualité. mûrit en août. Fruit d'amateur. (*De Bavay.*)

ROYALE HATIVE, *Anglaise hâtive*, *May-Duke* (Duhamel). Syn.: *Angleterre hâtive*, *Tôt ou tard* (Cat. anglais), *Impératrice* (du Congrès).

Arbre très-fertile, qui se cultive en haut vent, pyramide et espalier ; au midi si l'on veut obtenir des fruits très-précoces et plus gros ; au nord si l'on en veut retarder la maturité ; fruit assez gros, déprimé à la base et au sommet ; sa peau, de couleur rouge-brun, devient noire à sa maturité ; sa chair, d'abord d'un jaune-clair, devient plus tard d'un rouge-pourpre foncé. Cette cerise, de première qualité, mûrit sur le plein vent fin juin et en juillet. (*De Bavay.*)

ROYALE TARDIVE, *Anglaise tardive*, *Chéry Duke* (Duhamel).

Cette cerise, comme la précédente, est déprimée à la base et au sommet ; sa peau, de couleur rouge-pâle, ne change pas sensiblement lors de la maturité ; sa chair, d'un beau jaune-d'ambre, est douce et sucrée ; elle mûrit fin juillet-août. Cette belle et bonne variété, peu fertile, vient bien sous toutes les formes ; elle produit mieux en espalier.

CERISE A TROCHET, cerisier très-fertile (Duhamel), *Cerise commune, Cerise à bouquet.*

Arbre moyen, d'une grande fertilité; le fruit est moyen, mais surtout remarquable par sa belle couleur rouge-vif, et d'un rouge plus foncé dans sa parfaite maturité ; sa chair est délicate; son eau aigrelette n'est pas désagréable ; un peu plus de douceur ajouterait beaucoup à son mérite et le rendrait encore plus digne d'être multiplié. Ce cerisier, déjà fort estimé par sa grande fertilité, mûrit fin juillet et août. (*Duhamel.*)

C'est presque la seule variété cultivée aujourd'hui dans les hortillonnages par les maraîchers d'Amiens ; elle se reproduit de drageons et rapporte immédiatement.

Il est à remarquer que le cerisier et les autres fruits à noyau vivent moins longtemps qu'autrefois.

CERISE DE LA TOUSSAINT, *de la Saint-Martin*, *Tardive* (Duhamel).

Le fruit de cette variété est généralement petit, déprimé à sa base et au sommet; sa peau, lisse et résistante, est d'une belle couleur rouge plus claire que foncée ; sa chair est ferme et acidulée. Cette variété, en raison de son acidité, est peu recherchée, mais l'arbre qui la fournit a le port très-gracieux ; elle doit son nom à la floraison de celui-ci, qui se produit et s'étend de mai à la Toussaint; c'est un arbre d'amateur plus curieux qu'utile. (*Couverchel.*)

DE MONTMORENCY, à longue queue (*Duhamel*).

Ce cerisier devient plus grand et est plus fertile que le gros Gobet; le fruit, d'un rouge assez clair, se fonce lorsqu'il atteint son maximum de maturité ; il est d'un assez beau volume lorsque l'arbre est jeune ; dans le cas contraire, il s'amoindrit; le pédoncule, assez long, s'insère dans une cavité profonde; sa chair est blanche, douce, sucrée, d'autant moins acide qu'elle est plus mûre ; cette cerise mûrit dans le courant de juillet. (*Couverchel.*)

DE MONTMORENCY, à gros fruit, *Gros Gobet, Gobet à courte queue* (Duhamel), *Montmorency à courte queue.*

Arbre qui devient médiocrement grand, ayant la tête bien arrondie; le fruit, porté par un pédoncule très-court, est gros, déprimé à la base et au sommet; sa peau est d'un rouge assez vif; sa chair, d'un blanc-jaunâtre, est fine, douce, très-agréable; cette belle cerise, grosse, très-charnue, excellente, mûrit vers la fin de juillet.

Cette excellente variété est peu répandue; l'arbre qui la fournit est, il est vrai, peu productif, mais il mérite néanmoins d'être propagé. (*Couverchel.*)

GRIOTTE DU NORD, grosse cerise à ratafia (Duhamel). — Syn.: *Cerise du Nord, Morello, Cerise Marasca, Griotte à ratafia, Tardive ou Picarde.*

Arbre moyen, dont les branches minces s'élèvent assez droites et sans confusion; se reproduit franc de pied; on peut ainsi l'élever sous toutes les formes; il est d'ailleurs beaucoup plus fertile franc de pied que greffé sur mérisier ou Sainte-Lucie; le fruit est généralement de moyenne grosseur; le sillon latéral qu'on remarque à sa surface est plutôt indiqué que tracé; la peau est épaisse, elle passe du rouge-écarlate au rouge-foncé lors de sa maturité; la chair, d'un rouge moins intense, est peu délicate et conserve de l'âcreté, même à l'extrême maturité du fruit. Cette cerise, qui mûrit en août, peut, à l'exposition du nord, se conserver jusqu'à la fin de septembre; elle est très-estimée pour faire le ratafia connu sous le nom de Marasquin. (*Couverchel.*)

PRUNIER.

La qualité du fruit du prunier dépend beaucoup de la qualité du terrain où on le plante et de l'exposition qu'on lui donne ; il végète rapidement dans les terres fortes et n'y donne que des fruits rares et sans saveur ; cet arbre qui, du reste, n'exige que peu de soin, se plaît dans les terres légères et chaudes, même un peu sablonneuses, où ses produits sont excellents, surtout s'il est exposé au grand air et abrité des mauvais vents.

Le prunier se cultive le plus communément à haute tige, parfois en pyramide et rarement en espalier.

La floraison précoce du prunier lui fait redouter les climats exposés aux gelées tardives ; aussi ne peut-il être utilement cultivé sur les grandes surfaces que dans la région de la vigne ; au nord de cette région, on n'obtient qu'une fructification peu abondante.

On multiplie les bonnes variétés sur des sujets de semis ; le mode de multiplication sur des rejetons doit être abandonné ; les arbres qui en proviennent, épuisés par le grand nombre de rejetons que développent leurs racines traçantes, n'acquièrent jamais qu'une faible dimension.

PRUNIERS.

26 variétés.

COÉ GOUTTE D'OR, *Coe's Golden drop* (variété anglaise), connue de Knight avant 1808. — Syn. : *Coe's Imperial*, *Golden Gage*, *new Golden drop*, *Coopers large green* (Cat. anglais).

Arbre vigoureux et très-fertile ; son feuillage vert et touffu le distingue de tous ses congénères ; fruit gros, oblong, ayant de 5 à 6 centimètres en hauteur et 4 en largeur ; la peau, d'un jaune-verdâtre, maculée de taches rouges carminées ou violettes du côté du soleil ; la couleur jaune-d'or de la chair se voit à travers la peau à l'époque de la maturité et offre une apparence splendide ; chair sucrée de la Reine-Claude, mûrit en septembre, se conserve au fruitier jusque la mi-octobre. (*A. Bivort.*)

Cette variété, de première qualité, se cultive sous toutes les formes.

DRAP D'OR D'ESPEREN. — Cette prune est un gain du major Esperen ; elle fut semée vers 1832 ; l'arbre a donné ses premiers fruits en 1843

Arbre vigoureux, se mettant tardivement à fruit, mais alors produisant beaucoup ; se cultive sous toutes les formes ; le fruit moyen est ordinairement d'un ovale régulier, de la forme et de la couleur de l'Impériale blanche ; il est parfois presque rond ; la peau est très-mince, transparente, jaune-clair, nuancée de jaune-d'or et de teinte verdâtre. Mûrit fin d'août et en septembre. Première ou deuxième qualité. (*A. Bivort.*)

PRUNE DE CATALOGNE, *Jaune hâtive de Duhamel.* — Syn. : *Abricot blanc de Catalogne, Prune de la Saint-Jean, Jaune de Catalogne, Saint-Barnabé, d'Avoine* (Cat. Anglais).

Arbre de moyenne grandeur, très-fertile ; fruit petit, allongé, plus gros à sa base que vers le pédoncule ; sa peau est jaune-pâle, couverte d'une légère couche de poussière glauque ; chair jaune, assez ferme, peu succulente, parfois un peu musquée, le plus souvent fade.

Cette variété mûrit la première, vers le 15 juillet ; son mérite est dans sa précocité ; on en fait d'assez bonne compote. (*Duhamel.*)

JEFFERSON (variété américaine de Boston), introduite en Angleterre vers 1840.

Arbre vigoureux qu'on dit très-fertile ; fruit gros, ovale, de couleur jaune, tiqueté de rouge ; ayant la saveur de la Reine-Claude. Mûrit en septembre. Toutes formes. (*De Bavay.*)

KIRKE'S PLUM (Thompson), variété anglaise.

Arbre de vigueur moyenne, pour haut vent et espalier; fruit gros, ovaloïde ou arrondi; épiderme épais, violet-noir, ponctué de roux; chair sucrée, juteuse. De bonne qualité. Mûrit en septembre.

C'est, dit l'auteur anglais, un fruit de table excellent.

MIRABELLE GROSSE, *Double drap d'or* (Duhamel).

Arbre assez vigoureux et assez fertile. Ce fruit tient le milieu, pour la forme et la saveur, entre la Reine-Claude et la Mirabelle ordinaire ; il est petit et généralement déprimé à la base et au sommet ; sa peau est fine, jaune, piquetée de rouge du côté du soleil; sa chair est jaune, fondante, très-suave, elle adhère au noyau.

Cette excellente prune, qui mûrit à la fin d'août, a l'inconvénient de s'ouvrir par une sorte de déchirement qui s'effectue au sommet. (*Couverchel.*)

Cette prune, ayant les mêmes qualités que la suivante, peut servir aux mêmes usages.

MIRABELLE PETITE (Duhamel), *Mirabelle* (Jardinier Solitaire).

Arbre d'une taille moyenne, très-touffu et très-fertile. Cette prune dont l'importation, suivant quelques historiens, est due au bon roi René, est petite, ovale ou globuleuse ; sa peau, un peu coriace, acquiert, à la maturation, une belle teinte jaune-doré, parsemée, dans la partie exposée au soleil, de points plus ou moins foncés de rouge et d'ambre ; la chair, jaune, assez ferme, sucrée, est fort agréable. Une maturité trop complète rend le fruit pâteux et insipide. Mûrit en août.

La Mirabelle, très-bonne à manger telle que la nature nous l'offre, est encore plus recherchée pour faire des compotes et des marmelades. (*Couverchel.*)

MONSIEUR HATIF (Duhamel) *Prune de Monsieur* (Jardinier Solitaire, 1703), *Prune du Roi* (Jardinier François, 1703).

Arbre vigoureux et très-fertile ; fruit gros et presque complètement sphérique. Le sillon qui le divise est peu profond ; la peau est de couleur rouge-violacé du côté du soleil, et plus pâle de l'autre. La chair, vert-jaunâtre, assez ferme, peu

rouge, et devient très-transparente ; la chair, jaunâtre et peu délicate, est formée d'un parenchyme fibreux résistant, elle est peu succulente, d'une faible saveur, sucrée, acidulée ; le noyau adhère fortement à la chair.

La qualité de cette prune est loin d'égaler sa beauté ; elle mûrit à la mi-août. L'arbre n'est pas très-fertile.

REINE VICTORIA, *Queen Victoria*, variété anglaise attribuée à Rivers.

Arbre vigoureux et fertile, pour haut vent, pyramide et espalier; fruit gros, ovale et arrondi, un peu déprimé aux deux bouts; peau épaisse, rouge-violacé-pâle, ponctuée de gris-roux ; chair jaune-d'or, assez fine, sucrée et d'un bon parfum, se détache facilement du noyau. Deuxième qualité.

Cette belle prune, qui mûrit fin d'août et en septembre, n'est bien bonne qu'en espalier. (*Société Van Mons.*)

REINE CLAUDE, *Dauphine, Abricot vert, Verte Bonne* (Duhamel et Jardinier solitaire de 1703), *Grosse Reine Claude, Damas vert, Green Gage* (Cat. anglais).

Arbre assez vigoureux et très-fertile ; fruit d'une bonne grosseur, arrondi, déprimé à la base et au sommet, le sillon qui le divise est peu prononcé; la peau est fine, de couleur verte, marquée de taches roussâtres et nuancée de rouge-vif du côté du soleil; chair verdâtre, fondante, savoureuse et très-délicate, noyau peu adhérent à la chair. Toutes formes.

Cette excellente prune mûrit du milieu à la fin d'août ; elle sert à faire des compotes délicieuses ; on la conserve, en outre, à l'eau-de-vie ; elle peut être remplacée dans ces divers états sans trop de désavantage, mais aucune autre ne peut lui être comparée pour être mangée à l'état où la nature nous l'offre. (*Couverchel.*)

Un terrain chaud et abrité convient à cet arbre, et comme tous les fruits à noyaux, il est peu productif dans les sols froids et humides.

REINE CLAUDE DE BAVAY. — Cette prune remarquable est due aux semis du major Esperen, qui l'a dédiée, en 1843, à M. de Bavay, de Vilvorde.

Arbre vigoureux et fertile, qui vient bien sous toutes les

formes; fruit gros, ovale, arrondi, un peu plus haut que large ; sa peau est lisse, luisante, d'un jaune-vert plus ou moins intense, selon le degré de maturité, un peu piquetée de violet et marbrée de rouge ; la chair est ferme, succulente ; l'eau abondante, très-sucrée ; l'arôme fin et un peu musqué ; le noyau est adhérent à la chair ou ne s'en détache que partiellement. C'est un fruit exquis dont la maturité a lieu pendant le mois de septembre ; et comme la Coé et la prune de Waterloo, elle se conserve fort bien au fruitier jusqu'en octobre ; sa qualité s'y améliore.

On peut cultiver avantageusement en haut vent, pyramide et espalier. L'arbre demande, comme tous les pruniers en général, un sol chaud et léger. (*A. Bivort.*)

REINE CLAUDE VIOLETTE.

Arbre d'une bonne vigueur, assez fertile. Cette prune est regardée avec raison comme l'une des meilleures du genre ; fruit moyen, presque complètement globuleux, mais cependant un peu plus épais du côté du pédoncule que du côté opposé ; la peau, qui d'abord est verte, passe au rouge-obscur, puis au violet, elle est parsemée de points roux, le tout recouvert d'une poussière glauque abondante ; la pellicule est tellement adhérente à la chair, qu'il est difficile de la séparer ; celle-ci est ferme, de couleur verdâtre, succulente et très-sucrée. Le noyau est très-adhérent à la chair.

Cette excellente variété, qui mûrit vers la mi-septembre, se conserve longtemps sur l'arbre, en temps froids ou humides ; elle est sujette à se fendre et à pourrir. (*Couverchel.*)

ROYALE DE TOURS (Duhamel).

Arbre grand, vigoureux et fertile ; fruit gros, globuleux, souvent fendu à sa base, est divisé par un sillon profond ; peau rouge-violacé, recouverte d'une poussière glauque-azuré qui revêt tout le fruit ; la chair, jaune-verdâtre, de saveur sucrée et un peu acidulée, se détache facilement du noyau.

Cette prune, citée aussi dans le *Jardinier solitaire* (1703), mûrit en août.

WASHINGTON (Manning). — Syn. : *Franklin*, *Bolmar* (Cat. anglais).

Ce prunier, d'origine américaine et cultivé en France depuis 1830, est un arbre vigoureux, auquel son bois et son large et pâle feuillage donnent de la ressemblance avec le prunier Dame Aubert.

Fruit gros, ovale-arrondi, marqué, d'un côté, d'un sillon peu profond ; l'épiderme nuancé jaune et vert-pâle est parfois lavé de rose du côté du soleil ; chair assez ferme, fibreuse, demi-fondante, jaune ombré vert-pâle ; eau abondante, douce, sucrée, très-agréable ; le noyau est libre dans sa cavité. Ce beau fruit mûrit au commencement de septembre. (*Prevost.*)

L'arbre de haute tige est fertile et le fruit n'est pas facilement abattu par le vent. Bonne deuxième qualité.

Variétés pour Pruneaux.

PRUNE D'AGEN. *Datte violette.* — Syn. : *Robe de Sergent, Prune d'Ente.*

Cette variété, que l'on confond souvent avec la Royale de Tours, est assez grosse et ovale-allongé ; sa peau est d'un violet tirant sur le noir ; sa chair est douce et acidulée ; elle mûrit en août et septembre.

On emploie cette prune à Agen pour faire des pruneaux qui sont très-estimés, et qui forment pour ce pays une branche de commerce assez intéressante. (*Couverchel.*)

DAME AUBERT, *Grosse luisante* (Duhamel). — *Magnun bonum, Impériale blanche* (Cat. anglais).

Arbre vigoureux et d'une grande fertilité ; fruit très-gros, de forme ovale et régulière ; sa peau, de couleur jaune-clair, parsemée de points verdâtres, est assez résistante et peu adhérente à la chair ; celle-ci est jaunâtre, grossière, d'une saveur d'abord douce et sucrée, mais d'un goût fade et peu agréable lorsque le fruit a atteint son maximum de maturité, de sorte que cette prune n'est supportable qu'en compotes, pourvu qu'on ne la laisse pas trop avancer.

Sa beauté lui assigne une place dans les collections, mais elle est d'une qualité trop médiocre pour être cultivée dans les vergers. (*Couverchel.*)

FOND'S SEEDLING (Prune Poire.) — Variété anglaise découverte par M. Thompson; introduite en France en 1844 par MM. Jamin, Durand, de Paris.

Arbre vigoureux et assez fertile, se cultive sous toutes les formes; fruit très-gros, mesurant jusqu'à sept centimètres en hauteur sur cinq de circonférence ; la peau est épaisse, rouge-violacé, marquée de nombreux points bruns et couverte d'une fleur bleuâtre; la chair est jaune, demi-fine, succulente; son eau est assez abondante, sucrée, peu parfumée; le noyau est libre dans sa cavité.

Ce fruit, de premier rang quant à la grosseur, ne se place qu'au second pour la qualité. Il mûrit vers la mi-septembre ; il est estimé pour pruneaux. (*A. Bivort.*)

QUETSCHE D'ALLEMAGNE ou ZWETSCHEN DES ALLEMANDS.

La prune *Quetschen* ou *Couetche*, comme on prononce en français, a une forme assez irrégulière; elle est oblongue, ventrue du côté du sillon; sa longueur est d'environ trois centimètres; la peau est épaisse et résistante, de couleur violet assez foncé et recouverte d'une fleur abondante qui lui donne, lors de la maturité, une teinte bleue ; la chair, jaune-verdâtre, est assez succulente, mais non savoureuse ; le noyau est peu adhérent.

Cette prune mûrit au commencement de septembre; elle se détache facilement de l'arbre ; elle est très-cultivée en Allemagne, en Lorraine et en Suisse ; on en fait d'excellents pruneaux ; elle fournit, par la fermentation et la distillation, une liqueur très-connue sous le nom de Questchenwaser. Toutes formes. (*Couverchel.*)

La Quetsche d'Italie (Fellemberg), ayant à peu près les qualités de la précédente, sert aux mêmes usages ; c'est un fruit assez gros, ovale, violet-noir, qui mûrit fin de septembre. Toutes formes.

Ces deux variétés réussissent peu dans nos contrées.

SAINTE-CATHERINE (Duhamel et Jardinier solitaire, 1703).

Arbre vigoureux et très-fertile ; fruit moyen, ovoïde, sillon latéral peu profond ; la peau, vert-jaunâtre, est couverte d'une légère couche de poussière glauque qui lui donne l'aspect de la cire ; elle est résistante, très-adhérente à la chair ; celle-ci, de couleur jaune-verdâtre, est peu savoureuse, surtout lorsque la saison ou l'exposition ne lui sont pas favorables ; le noyau est isolé.

Cette prune mûrit vers la mi-septembre; elle forme les pruneaux de Tours, si justement estimés. (*Couverchel.*)

Variétés spéciales à la localité.

CUPE. Variété ancienne; origine inconnue.

Grand arbre pyramidal, vigoureux et fertile, qui se reproduit de drageons ; fruit assez gros, de forme ovale et régulière, ressemblant à la Dame Aubert, mais moins volumineux ; la peau, d'abord jaune-verdâtre, devient jaune-cire à la maturité ; la partie exposée au soleil prend une légère teinte de vermillon ; la chair, sans être très-sucrée, est juteuse et un peu abricotée, surtout lorsqu'on la laisse bien mûrir ; le noyau est adhérent. Sa maturité a lieu fin juillet et août.

Cette prune, assez bonne crue, est excellente en marmelade.

DAMAS BLANC (gros), (Duhamel).

Arbre moyen, vigoureux et fertile, se reproduit de drageons fruit petit ou moyen, presque rond ; peau d'un vert-jaunâtre, chargée de fleurs blanches ; chair consistante. De deuxième qualité. Mûrit fin de juillet.

DAMAS NOIR TARDIVE (Duhamel).

Comme le précédent, l'arbre est très-fertile et se reproduit sans l'emploi de la greffe ; fruit petit, presque globuleux ; peau d'un violet-foncé tirant sur le noir ; chair sucrée d'un goût assez agréable. Mûrit fin d'août.

GRAVINCHON.

Arbre robuste et buissonneux, qui se reproduit de drageons ; fruit petit, presque rond, violet-noir ; chair peu délicate, légèrement acerbe. Mûrit en septembre.

Cette prune tient tellement à l'arbre, qu'il faut la cueillir à la main ; elle sert à faire une espèce de confiture qu'on nomme Résinet.

Ces quatre variétés, qui se reproduisent de drageons, sont très-répandues dans les villages environnant Amiens, à cause de leur rusticité et de leurs produits abondants ; c'est à ce titre que je les mentionne ici.

DE L'UTILITÉ DES FRUITS.

Des différents organes qui composent le végétal, le fruit est incontestablement le plus intéressant, tant pour le rôle qu'il est appelé à jouer dans l'acte de la végétation que pour la grande part qui lui revient dans l'alimentation des êtres organisés. C'est, de tous les produits de la nature, celui qui, le premier, s'est offert à l'homme. Formes variées, couleurs vives et séduisantes, arômes délicats, saveurs suaves, toutes ces choses devaient fixer l'attention de l'être privilégié qui avait reçu en partage des organes faits pour apprécier dignement de si grands avantages.

Pour faire comprendre l'importance qu'ont acquise de nos jours la culture, le commerce et la consommation des fruits, il nous suffira de dire qu'on n'estime pas à moins de quinze millions de francs le produit de la vente de ces substances alimentaires à Paris seulement; nous n'avons pas besoin de faire remarquer qu'il ne s'agit ici que des fruits pulpeux. Malheureusement une grande partie en est mauvaise, nuisible souvent à la santé publique. D'ailleurs le peu de soins apportés au transport des meilleurs font qu'ils arrivent sur nos tables privés de de ce fard si séduisant que leur donne la nature, et après avoir perdu, en grande partie du moins, l'arôme et la suavité qui les distinguent.

Pour que les fruits produisent dans l'alimentation un effet utile, il faut, en général, qu'ils aient atteint leur entier développement et ce qu'on est convenu d'appeler leur maturité; celle-ci s'effectue d'autant mieux que la culture en a été plus soignée, soit en mettant à profit l'emploi de la greffe et du rapprochement, soit simplement au moyen des engrais. A cette époque de l'existence du fruit (sa maturité), les principes sont formés et les réactions ont eu lieu. Chacun sait que la réunion de ces principes ajoute éminemment à leur action nutritive ; il suffit, en effet, de faire remarquer que les fruits, dans l'imperfection même où les a laissés le défaut de culture dans nos campagnes, forment cependant une partie très-importante de la nourriture des cultivateurs et surtout de leurs enfants. Les habitants d'un grand nombre de villages de nos départements sont malheureusement forcés de s'éloigner très-peu du régime végétal.

Les fruits devant à la culture d'être plus suaves, plus nourrissants et plus sains, il y a donc, tant sous le rapport économique que sous celui hygiénique, nécessité de la perfectionner. Le cultivateur ne doit pas seulement veiller à ce que chaque espèce de fruit soit récoltée en temps utile, et suivant son degré de hâtivité, il doit, en outre, s'occuper de leur conservation, soit tels que la nature nous les offre, soit unis à des condiments.

Nous ajouterons aux observations de M. Couverchel celles qui vont suivre ; nous les empruntons à un journal très-estimé, celui des *Connaissances usuelles*. Elles nous ont paru judicieuses et très-propres à atteindre le but que nous nous proposons, c'est-à-dire d'engager à donner plus de soin à la culture des arbres fruitiers. « Il est fâcheux, dit l'auteur de l'article, de voir nos campagnes dénuées de bons fruits, qu'il serait très-facile de se procurer à très-peu de frais. Le petit nombre d'arbres fruitiers que l'on trouve autour des villages sont en général de mauvaise qualité, et il semblerait que le peuple se plaît, afin de les rendre plus malsains, à les manger avant l'époque de la maturité. C'est, d'après un ordre de choses si contraires au bien public, que, d'une part, la privation des fruits rend le régime des habitants peu favorable à la santé, et que, de l'autre, l'habitude de manger de mauvais fruits imparfaitement mûrs, occasionne des maladies. Cet état de choses, si pernicieux au bien-être des campagnes, doit durer aussi longtemps que l'ignorance du peuple sur ses premiers besoins régnera chez lui. C'est aux propriétaires aisés qu'il appartient d'éclairer les cultivateurs et de les encourager dans la plantation des arbres fruitiers. Il ne devrait pas exister une chaumière, à laquelle est joint quelque morceau de terre, qui ne fût plantée de quelques arbres à bons fruits; ce genre de récolte, qui s'obtient si facilement, serait d'une grande ressource nutritive pour la population, non-seulement pour l'été, mais encore pour tout le cours de l'année, car il est facile de faire sécher au four des prunes, des poires et des pommes. Cette variété apportée dans le régime diététique ne contribuerait pas peu à la santé.

« Les avantages nombreux qui peuvent résulter de la culture des bonnes espèces de fruits, pour les classes ouvrières, ne sont pas aussi bien compris en France qu'en Allemagne, où on trouve près de chaque habitation un verger ou un jardin planté d'arbres fruitiers ; il est peu de ménage qui ne fasse usage de fruits pendant l'été, et qui n'en conserve une certaine quantité pour l'hiver. Le surplus de la provision est vendu aux habitants des villes; c'est une source de bien-être qui n'est pas à dédaigner; il importerait que les Sociétés d'agriculture départementales accordassent des primes d'encouragement aux petits propriétaires qui planteraient des fruits de bonne qualité. »

Mais la culture et la taille des arbres fruitiers, cette partie de l'agriculture si utile pour l'ornement de nos campagnes, si riche et si variée dans ses produits, n'a point éprouvé encore une amélioration aussi sensible qu'on pouvait l'espérer ; car si on excepte quelques riches propriétaires et de rares amateurs, on la voit presque généralement abandonnée à des mains ignorantes qui contrarient la nature au lieu de l'aider; indifférent sur le choix des espèces, on multiplie sans discernement des sortes sans qualités et sans valeur. Comment donc avec tant de variétés, reconnues bonnes et productives, nos marchés sont-ils encore envahis par tant de fruits médiocres auxquels une routine aveugle s'obstine à donner la préférence? Il est de la plus haute importance que les meilleurs procédés de culture soient enseignés, que les meilleurs fruits soient indiqués à ceux qui en ont le plus besoin, et qui sont d'ailleurs les mieux placés pour les mettre à profit.

Il est des hommes dont la mission spéciale est de répandre l'instruction; c'est à eux, c'est aux instituteurs primaires que doit être confiée la noble tâche de faire connaître et de propager les connaissances utiles ; ils doivent, en effet, les premiers, mettre et faire mettre en pratique les excellents préceptes donnés par le savant Chaptal sur l'art de conserver les céréales, les meilleurs procédés de la fabrication du cidre, les moyens qu'offrent la greffe, le rapprochement, l'amélioration des fruits, leur conservation, etc.; ils peuvent ainsi travailler à étendre les connaissances agricoles et arboricoles.

Les habitants des campagnes, s'ils comprennent l'utilité de ces connaissances, peuvent améliorer leur situation, sans concours étranger; le moyen est simple et facile : il consiste à multiplier les meilleures espèces et à donner plus de soin à la culture des arbres fruitiers. Si tous les habitants d'un village ne sont pas cultivateurs, tous peuvent et doivent être jardiniers ou arboriculteurs ; ce n'est pas l'étendue du terrain qui fait la richesse du propriétaire, c'est la manière dont il est cultivé; cette vérité, si connue, n'est pas assez appréciée par les habitants des campagnes; on ne saurait donc trop la leur répéter : notre but sera atteint si nos observations arrivent jusqu'à eux.

Août 1862.

LISTE DES POIRIERS ET POMMIERS

A CULTIVER A HAUTE TIGE.

A la suite des observations qui précèdent, se place naturellement la liste des bonnes sortes de Poiriers et de Pommiers reconnus productifs, qu'on peut cultiver en haute tige dans les jardins et les vergers à la campagne, rangés par ordre de maturité.

* 1 Doyenné de Juillet (1)	Juillet.
* 2 Ananas de Courtray	Août.
* 3 Beurré Giffart	Août.
* 4 Doyenné Picard	Août.
* 5 Bon-Chrétien Williams . . .	Août-septembre.
* 6 Beurré d'Amanlis	Septembre.
* 7 Beurré Goubault	Septembre.
* 8 Doyenné Boussoch.	Septembre.
* 9 Fondante des bois	Septembre.
* 10 Beurré d'Angleterre	Septembre-octobre.
* 11 Ferdinand Demeester	Septembre-octobre.
* 12 Frédéric de Wurtemberg. . .	Septembre-octobre.
* 13 Fondante de Charneu	Septembre-octobre.
* 14 Seigneur Esperen	Septembre-octobre.
* 15 Arbre courbé.	Septembre-octobre.
* 16 Beurré Curtet	Octobre.
* 17 Beurré Capiomont	Octobre.
* 18 Colmar Bonnet	Octobre.
* 19 Des Deux Sœurs	Octobre.
* 20 Louise bonne d'Avranches . .	Octobre.
* 21 Charlotte de Brouwer. . . .	Octobre.
* 22 Spreuw Ové	Octobre-novembre.
* 23 Beurré d'Apremont (Beurré Bosc)	Octobre-novembre.
* 24 Bon-Chrétien Napoléon . . .	Octobre-novembre.
* 25 Délices d'Hardempont. . . .	Octobre-novembre.
* 26 Marie-Louise Delcourt. . . .	Octobre-novembre.

(1) Le signe (*) qui précède les noms indique les variétés de fruits les plus productives.

8

* 27	Nouveau Poiteau	Octobre-novembre.
* 28	Spoelberg.	Octobre-novembre.
29	Urbaniste (Beurré de Piquery).	Octobre-novembre.
30	Beurré de Racquenghem ou Poire Pomme	Novembre-décembre.
31	Figue d'Alençon	Novembre-décembre.
* 32	Triomphe de Jodoigne . . .	Novembre-décembre.
* 33	Beurré Milet.	Décembre-janvier.
* 34	Beurré Diel.	Décembre-janvier.
* 35	Beurre Sterckmans.	Décembre-janvier.
36	Beurré de Luçon	Décembre-janvier.
* 37	Bery Saint-Vaast	Décembre-janvier.
38	Fondante de Noël	Décembre-janvier.
* 39	Bon-Chrétien de Rans	Janvier-mars.
40	Doyenné d'Alençon	Janvier-mars.
* 41	Bergamotte Esperen	Mars-avril.
* 42	Bergamotte Fortunée	Mars-avril.
* 43	Passe-Colmar	Janvier-mars.
* 44	Suzette de Bavay	Mars-avril.

VARIÉTÉS DONT LES FRUITS SONT A CUIRE.

* 45	Fusée	Octobre.
* 46	Curé (Poire)	Novembre-décembre.
* 47	Bellissime d'hiver (Belle de Noisette.)	Hiver.
48	Catillac (Poire de livre) . . .	Hiver.
* 49	Léon Leclerc de Laval. . . .	Hiver.
* 50	Martin-Sec	Hiver.

Parmi les Pommes, en dehors des variétés particulières à chaque canton, nous citerons les suivantes comme étant plus généralement cultivées en plein vent dans notre arrondissement.

1	Rambour d'été	Août-septembre.
2	Violette ou Quatre-Goût (pomme framboisée)	Septembre-octobre.
* 3	Reinette blanche d'Amiens . .	Septembre-octobre.

*	4 Verdin d'été	Septembre-octobre.
*	5 Reinette de Granville	Novembre-décembre.
	6 Quenepin	Novembre-janvier.
*	7 Rambour-Lebel	Novembre-janvier.
	8 Châtaignier	Décembre-janvier.
*	9 Pomme glace.	Décembre-février.
*	10 Pomme neige	Décembre-février.
*	11 Verdin d'hiver	Décembre-février.
	12 Cucousu	Décembre-mars.
*	13 Belle-fleur	Janvier-mars.
	14 Rambour d'hiver	Janvier-mars.
*	15 Court-Pendu gris	Janvier-mars.
*	16 Reinette de Caux	Janvier-avril.

Les propriétaires peuvent modifier cette liste d'après leur goût ou leurs préférences. Néanmoins les fruits d'hiver étant plus rares et plus recherchés, nous pensons qu'une plantation de quelque importance doit toujours comprendre au moins la moitié de ces derniers; mais, comme pour ceux-là, il faut un emplacement propre à assurer leur conservation, nous allons donner à cet égard les renseignements puisés dans Couverchel, qui a traité cette question.

Récolte, Conservation et Emballage des Fruits.

Puisque, d'après notre opinion, une plantation quelque peu importante doit se composer d'au moins la moitié en fruits de garde, nous devons dire quelques mots sur les moyens à employer pour la récolte, la conservation et l'emballage des fruits. Cette question offre un grand intérêt non-seulement pour celui qui consomme les fruits qu'il produit, mais encore pour celui qui en fait un objet de spéculation.

Je ne m'appesantirai pas sur les caractères qui indiquent la maturité des diverses espèces de fruits d'été et du commencement d'automne, parce que l'expérience est le meilleur et presque le seul guide à cet égard; nous passerons donc au fruit d'hiver. A proprement parler, il n'en est aucun qui mûrisse sur l'arbre pendant cette saison; mais on désigne sous ce nom, ceux qui, plus ou moins avancés à l'automne, quand on les cueille, arrivent à leur entière maturité dans le fruitier et se mangent pendant l'hiver.

Au nombre de ceux qu'on cueille avant les froids, sont comprises toutes les variétés de poires et de pommes.

La récolte des fruits d'hiver se fait vers la fin d'octobre; on les rentre par un temps sec et on attend, pour les détacher, que la rosée ait disparu, vers les dix heures du matin, jusque trois ou quatre heures du soir, selon l'état de l'atmosphère. On les pose doucement dans des mannettes plates, dont le fond est garni de foin, de mousse ou de fougère, sans les entasser. Les fruits ne seront pas immédiatement portés au fruitier dans lequel ils doivent rester l'hiver; on les met d'abord dans une pièce bien aérée, où on les laisse ressuer pendant quelques jours; on élimine tous ceux qui sont piqués, tachés ou meurtris, lesquels ne sont pas de garde; on ne doit pas mélanger entre elles les espèces à cause surtout de leur différence de maturité; d'ailleurs la séparation rend la surveillance plus facile.

Au bout de quatre ou cinq jours, on met les fruits au fruitier. Cette pièce est le plus ordinairement située au rez-de-chaussée, quelquefois même en contre-bas de plus d'un mètre du niveau du sol. Elle doit être orientée au sud-est, percée de croisées à doubles volets du côté du midi ou du levant, et fermée au nord par un mur de forte épaisseur, sans ouverture. L'intérieur, d'une étendue proportionnée à la quantité de fruits qu'on veut y conserver, est garni tout autour des murs, excepté devant les fenêtres, de tablettes à jour, larges de 50 à 60 centimètres, garnies d'un rebord, placées horizontalement et éloignées de 25 à 30 centimètres les unes des autres. Dans ces conditions, la main peut atteindre avec facilité les fruits les plus éloignés lorsqu'on les visite. Le bois de chêne ou d'acacia, vieux et bien sec, est préférable à tout autre.

Les fruits sont rangés par lignes et par espèces, à une faible distance les uns des autres ; s'ils se touchaient, il serait à craindre que celui qui viendrait à pourrir ne gâtât son voisin.

Il arrive parfois qu'on peut éviter une partie notable des frais de construction de la fruiterie. Si, par exemple, on peut disposer d'une cave, d'une grotte creusée dans le roc, ou mieux d'un souterrain assez profond pour que la température y soit à peu près constante, on en profite pour y établir la fruiterie. On n'a alors qu'à s'occuper de l'aménagement intérieur, qui doit toujours rester le même. Toutefois il est indispensable que l'endroit que l'on choisit soit parfaitement sec et bien abrité de l'influence de la température extérieure.

Il est essentiel que la fruiterie soit tenue ouverte quelque temps avant de s'en servir, pour en chasser toute humidité, de la tenir dans un état constant de propreté, et de n'y rien déposer qui puisse en vicier l'air.

Lorsqu'on n'a point de fruiterie à sa disposition, on peut très-bien conserver les fruits en les mettant dans des jarres ou des tonneaux ; on prend alors les précautions suivantes : on choisit des vases neufs, on les sèche soigneusement, puis on place au fond une couche de son le plus commun, c'est-à-dire celui qui retient le moins de farine (ou du charbon en poudre) ; on y range soigneusement les poires ou les pommes, observant de placer la queue en haut pour la première couche et en bas pour la seconde ; on ajoute de nouveau son pour remplir les interstices que ces fruits laissent entre eux ; on forme de nouvelles couches et on continue ainsi jusqu'à l'orifice du vase ; on le ferme hermétiquement et on le place dans un lieu sec et frais. On substitue avec avantage la chaux éteinte ou du charbon en poudre au son. On n'emploie ce moyen que pour les variétés tardives.

L'emballage des fruits pour le transport exige encore d'autres précautions. S'il s'agit de faire voyager des fruits durs comme les poires et les pommes, les moyens sont simples et peu coûteux ; on prend une manne de forme plate, munie d'un couvercle et de grandeur suffisante, car il est important que les fruits ne soient ni trop serrés, ni trop isolés ; on la garnit d'abord de papier gris, dit papier à sucre, dont la propriété hygrométrique est propre à absorber l'humidité. On forme ensuite au fond une couche de regain de prairie ou de gazon fin et sec, et on y place les fruits les plus gros et les plus fermes, enveloppés préalablement de papier Joseph ; on remplit soigneusement les interstices avec des rognures de papier non collé, du son, des sciures de bois tamisées, ou de la paille d'avoine ; on forme ainsi plusieurs rangées successives en ayant soin de mettre au-dessus les plus légers. L'ouverture de la manne se ferme par une forte couche de foin sur laquelle s'applique le couvercle solidement attaché.

(Extrait de l'ouvrage de M. Couverchel.)

TABLE

PAR ORDRE ALPHABÉTIQUE *

NOMS DES POIRIERS.

Abbé Mongein.
Voir Belle Angevine. 59
A Courte Queue.
Voir Doyenné blanc. 49
Alexandrine Drouillart. 39
Amiral.
Voir Arbre courbé. 39
Ananas de Courtray. 14
Angleterre des Chartreux.
Voir Beurré d'Angleterre. 42
Angleterre d'hiver de Noisette.
Voir Bellissime d'hiver. 59
Arbre Courbé. 39
Arbre Superbe.
Voir Seigneur Esperen. 30
Archiduc Charles d'Autriche.
Voir Bon-Chrétien Napoléon. 21
Automne Beurré.
Voir Doyenné blanc. 49
Baronne de Mello. 15
Barnet's Williams.
Voir Bon-Chrétien Williams. 21
Bartlett de Boston.
Voir Bon-Chrétien Williams. 21
Beau Présent.
Voir Epargne. 37
Bec d'Oie.
Voir Beurré d'Angleterre. 42
Belle Alliance.
Voir Beurré de Sterckmans. 20
Belle Andreine.
Voir Curé. 61
Belle Angevine. 59
Belle Canaise.
Voir Bon-Chrétien Napoléon. 21
Belle d'Août.
Voir Belle sans pepins. 39
Belle de Berry.
Voir Curé. 61
Belle de Bruxelles.
Voir Belle sans pepins. 39
Belle de Grivesne.
Voir Belle Angevine. 59
Belle de Jersey.
Voir Belle Angevine. 59
Belle de Noël, Bonne de Noël.
Voir Fondante de Noël. 26
Belle de Noisette.
Voir Bellissime d'hiver. 59
Belle des Bois.
Voir Fondante des Bois. 26
Belle de Flandre.
Voir Fondante des Bois. 26
Belle d'Esquerme.
Voir Jalousie de Fontenay-Vendée. 28
Belle et Bonne d'Ezée.
Voir Bonne d'Ezée. 22
Belle Epine Dumas.
Voir Epine Dumas. 25
Belle Héloïse.
Voir Curé. 61
Belle Henriette.
Voir Beurré Duval. 44
Belle Lucrative.
Voir Seigneur Esperen. 30
Belle sans pepins. 39
Bellissime d'hiver. 59
Bergamotte Beauchamps.
Voir Bergamotte Cadette. 40

* Les chiffres placés en regard des noms propres indiquent la page où les fruits sont décrits. Les noms sans chiffres sont des synonymes.

Bergamotte Buffo.
Voir Bergamotte Cadette. 40
Bergamotte Cadette. 40
Bergamotte condorcienne.
Voir Beurré de Racquinghem. 45
Bergamotte Crapaud.
Voir Bergamotte Cadette. 40
Bergamotte Crassanne. 32
Bergamotte de Crésane.
Voir Bergamotte Crassanne. 32
Bergamotte d'Austrasie.
Voir Jaminette. 53
Bergamotte d'Avranches.
Voir Louise Bonne d'Avranches. 28
Bergamotte de Hampden's.
Voir Bergamotte d'été. 40
Bergamotte d'été. 40
Bergentin:
Voir Passe-Colmar. 29
Bergamotte Esperen. 16
Bergamotte Fiévée.
Voir Seigneur Esperen. 30
Bergamotte Fortunée. 15
Bergamotte Lucrative.
Voir Seigneur Esperen. 30
Bergamotte de la Pentecôte.
Voir Doyenné d'hiver. 36
Beurré anglais.
Voir Doyenné blanc. 49
Beurré Aurore.
Voir Beurré Capiomont. 42
Beurré Bachelier. 16
Beurré Beauchamps.
Voir Bergamotte Cadette. 40
Beurré Beaumont d'hiver.
Voir Bezy de Saint-Vaast. 46
Beurré Benoît. 16
Beurré Biémont.
Voir Bergamotte Cadette. 40
Beurré blanc de Nantes.
Voir Beurré de Nantes. 43
Beurré Boisbunel. 41
Beurré Bosc.
Voir Beurré d'Apremont. 48
Beurré Bretonneau. 41
Beurré Capiomont. 42
Beurré Clairgeau. 17
Beurré Colmar gris, dit *Pressel.*
Voir Passe-Colmar. 29
Beurré Comice de Toulon.
Voir Curé. 64
Beurré Curtet. 17
Beurré d'Albret. 42
Beurré d'Amanlis. 18
Beurré d'Ambleuse.
Voir Beurré gris. 33
Beurré d'Amboise.
Voir Beurré gris. 33
Beurré d'Anjou.
Voir Nec plus Meuris. 22
Beurré d'Angleterre. 42
Beurré d'Antein.
Voir Bon-Chrétien Napoléon. 21
Beurré d'Apremont. 43
Beurré d'Arenberg. 33
Beurré d'Arenberg en France.
Voir Beurré d'Hardempont. 34
Beurré d'Avi ou d'Avis.
Voir Fondante des Bois. 26
Beurré d'Avranches.
Voir Louise Bonne d'Avranches. 28
Beurré de Bourgogne.
Voir Fondante des Bois. 26
Beurré de Cambronne.
Voir Beurré d'Hardempont. 34
Beurré de Chaumontel.
Voir Bezy de Chaumontel. 45
Beurré de Flandre.
Voir Bon-Chrétien de Rans. 20
Beurré de Fontenay.
Voir Beurré de Luçon. 18
Beurré de Kent.
Voir Beurré d'Hardempont. 34
Beurré d'Elberg.
Voir Fondante des Bois. 26
Beurré d'Enghien.
Voir Beurré d'Arenberg. 33
Beurré et Colmar-des-Champs.
Voir Beurré d'Arenberg. 33
Beurré de Picquery.
Voir Urbaniste. 31
Beurré d'Hardempont. 34
Beurré d'Été.
Voir Bergamotte d'été. 40

Beurré de la Pentecôte.
Voir Doyenné d'hiver. 36
Beurré de Luçon. 18
Beurré de Malines.
Voir Bonne de Malines. 22
Beurré de Mérode.
Voir Doyenné Boussoch. 48
Beurré de Nantes. 43
Beurré de Noirchain.
Voir Bon-Chrétien de Rans. 20
Beurré de Pâques.
Voir Doyenné d'hiver. 36
Beurré de Paris.
Voir Epargne. 37
Beurré de Pentecôte.
Voir Bon-Chrétien de Rans. 20
Beurré de Rance.
Voir Bon-Chrétien de Rans. 20
Beurré de Rans.
Voir Bon-Chrétien de Rans. 20
Beurré de Racquinghem. 45
Beurré de Saint-Amour.
Voir Fondante des Bois. 26
Beurré de Saint-Quentin.
Voir Frédéric de Wurtemberg. 53
Beurré Deschamps.
Voir Beurré d'Arenberg. 33
Beurré des Orphelins.
Voir Beurré d'Arenberg. 33
Beurré des Trois-Tours.
Voir Beurré Diel. 18
Beurré Diel. 18
Beurré d'Isambart.
Voir Beurré gris. 33
Beurré d'hiver à Bruxelles.
Voir Doyenné d'hiver. 36
Beurré d'hiver de Cambron.
Voir Beurré d'Hardempont. 34
Beurré doré noir.
Voir Beurré gris. 33
Beurré Drapiez.
Voir Urbaniste. 31
Beurré du Roi.
Voir Doyenné blanc. 49
Beurré Duval. 44
Beurré Epine.
Voir Bon-Chrétien de Rans. 20
Beurré Foidart.
Voir Fondante des Bois. 26
Beurré Giffart. 19
Beurré Goubault. 39
Beurré gris. 33
Beurré gris d'hiver nouveau.
Voir Beurré de Luçon. 18
Beurré Hardy. 44
Beurré Incomparable.
Voir Beurré Diel. 18
Beurré Knox.
Voir Urbaniste. 31
Beurré Lombard.
Voir Beurré d'Hardempont. 34
Beurré Lucratif.
Voir Seigneur Esperen. 30
Beurré Magnifique.
Voir Beurré Diel. 18
Beurré Milet. 44
Beurré Napoléon.
Voir Bon-Chrétien Napoléon. 21
Beurré Nantais.
Voir Beurré de Nantes. 43
Beurré plat.
Voir Bergamotte Crassanne. 32
Beurré Quetelet.
Voir Beurré Curtet. 17
Beurré rouge d'Anjou.
Voir Beurré gris. 33
Beurré Roupé.
Voir Doyenné d'hiver. 36
Beurré Six. 19
Beurré Spence.
Voir Fondante des Bois. 26
Beurré Sterckmans. 20
Beurré superfin,. 45
Beurré supérieur.
Voir Beurré de Luçon. 18
Beurré Royal.
Voir Beurré Diel. 18
Beurré vert.
Voir Bergamotte d'été. 40
Bezy de Caen.
Voir Léon Leclerc de Laval. 61
Bezy de Chaumontel. 45
Bezy de Saint-Vaast. 46
Bezy de Waet.
Voir Bezy de Saint-Vaast. 46
Bonaparte.
Voir Bon-Chrétien Napoléon. 21

Bon-Chrétien Barnet's.
Voir Bon-Chrétien Williams. 21
Bon-Chrétien de Rans. 20
Bon-Chrétien d'hiver. 35
Bon-Chrétien d'Espagne. 60
Bon-Chrétien Napoléon. 21
Bon-Chrétien Spina.
Voir Bon-Chrétien d'Espagne. 60
Bon-Chrétien Williams. 21
Bonne de Longueval.
Voir Louise Bonne d'Avranches. 28
Bonne de Malines. 22
Bonne d'Ezée. 22
Bonne Ente.
Voir Doyenné blanc. 49
Bonne Louise d'Avranches.
Voir Louise Bonne d'Avranches. 28
Bonne Malinoise.
Voir Bonne de Malines. 22
Bon Micet d'été.
Voir Bergamotte d'été. 40
Bon Papa.
Voir Curé. 61
Bonissime de la Sarthe.
Voir Figue d'Alençon. 52
Bouche nouvelle.
Voir Fondante des Bois. 26
Bosch Pear.
Voir Fondante des Bois. 26
Bouvier Bourguemestre. 46
Brillante.
Voir Fondante des Bois. 26
Cadillac.
Voir Catillac. 60
Calebasse Bosc.
Voir Beurré d'Apremont. 48
Calebasse Carafon.
Voir Van Marum. 53
Calebasse de Hollande.
Voir Van Marum. 53
Calebasse d'hiver.
Voir Beurré Bretonneau. 41
Calebasse du Nord.
Voir Van Marum. 53
Calebasse Monstre.
Voir Van Marum. 53
Calebasse Royale.
Voir Van Marum. 53
Canning d'hiver.
Voir Doyenné d'hiver. 36
Captif Sainte-Hélène.
Voir Bon-Chrétien Napoléon. 21
Catillac. 60
Cellite.
Voir Passe-Colmar. 29
Cueillette.
Voir Epargne. 37
Charles X.
Voir Bon-Chrétien Napoléon. 21
Charles d'Autriche.
Voir Bon-Chrétien Napoléon. 21
Charlotte de Brouwer. 47
Chissel verte précoce.
Voir Madeleine. 54
Citron de septembre.
Voir Doyenné blanc. 49
Citron des Carmes.
Voir Madeleine. 54
Colmar Bonnet. 47
Colmar d'Arenberg. 47
Colmar d'Auch.
Voir Colmar d'hiver. 35
Colmar de Limoges.
Voir Epine Dumas. 25
Colmar Demeester.
Voir Ferdinand Demeester. 32
Colmar d'hiver. 35
Colmar doré.
Voir Colmar d'hiver. 35
Colmar du Lot.
Voir Epine Dumas. 25
Colmar Jaminette.
Voir Jaminette. 53
Colmar Navez.
Voir duc de Nemours. 51
Colmar Nélis.
Voir Bonne de Malines. 22
Colmar Preuil.
Voir Passe-Colmar. 29
Comte de Flandre. 47
Comte Lamy.
Voir Beurré Curtet. 17
Comtesse de Frenol.
Voir Figue d'Alençon. 52
Comtesse ou Beauté de Treweren.
Voir Belle Angevine. 59

Conseiller de la Cour. 23
Crassanne d'Austrasie.
Voir Jaminette. 53
Crassanne d'automne.
Voir Bergamotte Crassanne. 32
Cuisse Madame Royale.
Voir Epargne. 37
Curé (Poire). 61
Délices d'Hardempont. 23
Délices de Louwenjoul. 48
Délices des Orphelins.
Voir Beurré d'Arenberg. 33
De Bur.
Voir Bellissime d'hiver. 59
De la Table des Princes.
Voir Epargne. 37
De Lavault.
Voir Bon-Chrétien Williams. 21
De Rochechouart.
Voir Epine Dumas. 25
De Tongres. 23
Des Deux Sœurs. 43
Des Eparonnais.
Voir Duchesse d'Angoulême. 25
D'Ingler.
Voir Beurré Curtet. 17
Docteur Gall. 48
Dorothée Royale.
Voir Beurré Diel. 18
Double Passe-Colmar.
Voir Passe-Colmar. 29
Double Philippe.
Voir Doyenné Boussoch. 48
Doyen Dillen. 50
Doyenné blanc Saint-Michel. 49
Doyenné Boussoch. 48
Doyenné crotté.
Voir Doyenné gris. 26
Doyenné d'Alençon. 23
Doyenné d'Automne.
Voir Doyenné gris. 26
Doyenné d'été.
Voir Doyenné de juillet. 24
Doyenné Defais. 50
Doyenné d'hiver nouveau.
Voir Doyenné d'Alençon. 23
Doyenné de printemps.
Voir Doyenné d'hiver. 36
Doyenné Sterckmans.
Voir Beurré Sterckmans. 20
Doyenné du Comice. 24
Doyenné galeux.
Voir Doyenné gris. 26
Doyenné Goubault. 50
Doyenné d'hiver. 36
Doyenné de juillet. 24
Doyenné gris. 26
Doyenné jaune.
Voir Doyenné gris. 26
Doyenné marbré.
Voir Doyenné d'Alençon. 23
Doyenné picard. 51
Doyenné roux.
Voir Doyenné gris. 26
Doyenné Saint-Michel.
Voir Doyenné blanc. 49
Doyenné Sieulle. 51
Dry-Toren.
Voir Beurré Diel. 18
Duc d'Arenberg parfait.
Voir Beurré d'Arenberg. 33
Duc de Brabant.
Voir Fondante de Charneu. 26
Duc de Bordeaux.
Voir Epine Dumas. 25
Duc de Nemours. 51
Duchesse d'Angoulême. 25
Duchesse de Berry d'hiver.
Voir Belle Angevine. 59
Dumas de Rochefort.
Voir Epine Dumas. 25
Epargne. 37
Epine Dumas. 25
Epine du Rochois.
Voir Epine Dumas. 25
Esperine. 52
Etourneau.
Voir Spreuw Ové. 57
Etranglée.
Voir Fusée. 62
Excellentissime.
Voir Seigneur Esperen. 30
Fanfarau et Crassanne des Paysans
Voir Belle sans pepins. 39
Faux Spreuw.
Voir Spreuw Ové. 57

Féodale.
Voir Fondante des Bois. 26
Ferdinand Demeester. 52
Figue d'Alençon. 52
Figue de Naples.
Voir Figue d'Alençon. 52
Figue d'hiver.
Voir Figue d'Alençon. 52
Fondante d'Albret.
Voir Beurré d'Albret. 42
Fondante d'automne.
Voir Seigneur Esperen. 30
Fondante de Charneu. 26
Fondante de Jaffart.
Voir Colmar d'Arenberg. 47
Fondante de Malines.
Voir Bonne de Malines. 22
Fondante de Noël. 26
Fondante de Mons.
Voir Passe-Colmar. 29
Fondante de Panisel.
Voir Passe-Colmar. 29
Fondante des Bois. 26
Fondante des Charneuses.
Voir Fondante de Charneu. 26
Fondante d'été.
Voir Bergamotte d'été. 40
Fondante du Comice. 27
Fondante Spence.
Voir Fondante des Bois. 26
Fortunée de Paris.
Voir Bergamotte Fortunée. 15
Fortunée de Remme.
Voir Bergamotte Fortunée. 15
Fortunée Parmentier.
Voir Bergamotte Fortunée. 15
Fourcroix d'hiver.
Voir Doyenné d'hiver. 36
Franc Réal d'été.
Voir Bergamotte d'été. 40
Frédéric de Wurtemberg. 53
Fusée. 62
Gambier.
Voir Passe-Colmar. 29
Girardine.
Voir Bergamotte d'été. 40
Gloire de l'Empereur.
Voir Bon-Chrétien Napoléon. 21
Glou morceau.
Voir Beurré d'Hardempont. 34
Graslin. 27
Grand Monarque.
Voir Catillac. 60
Grand Mogol.
Voir Catillac. 60
Grand Soleil. 53
Grésilière.
Voir Seigneur Esperen. 30
Gros Cognart.
Voir Catillac. 60
Gros Dillen.
Voir Beurré Diel. 18
Gros Gilot.
Voir Catillac. 60
Gros Quessois d'été.
Voir Fondante des Bois. 26
Grosse Bergamotte d'été.
Voir Belle sans pepins. 39
Grosse Cuisse Madame.
Voir Epargne. 37
Grosse double Calebasse.
Voir Van Marum. 53
Grosse Grande-Bretagne dorée.
Voir Bon-Chrétien d'Espagne. 60
Guillaume de Nassau.
Voir Beurré Diel. 18
Hardempont d'hiver.
Voir Beurré d'Hardempont. 34
Hardempont du Printemps.
Voir Bon-Chrétien de Rans. 20
Inconnue Lafare.
Voir Saint-Germain. 38
Isambart le Bon.
Voir Beurré gris. 33
Isambert.
Voir Beurré gris. 33
Jalousie de Fontenay-Vendée. 28
Jaminette. 53
Jassol.
Voir Epargne. 37
Joséphine de Malines. 37
Jules Bivort.
Voir Délices de Louwenjoul. 48
Kartoffel.
Voir Colmar d'Arenberg. 47
Léon Leclerc de Laval. 61

Léon Leclerc de Louvain.
Voir Beurré Bretonneau. 41
Limousine.
Voir Epine Dumas. 25
Louise Bonne d'Avranches. 28
Louise Bonne de Jersey.
Voir Louise Bonne d'Avranches. 28
Louise d'Orléans.
Voir Urbaniste. 31
Lucrate.
Voir Seigneur Esperen. 30
Madeleine. 54
Mansuette des Flamands.
Voir Bon-Chrétien d'Espagne. 60
Maréchal de Cour.
Voir Conseiller de la Cour. 23
Marie-Louise Delcourt. 28
Marie-Louise Nova.
Voir Marie-Louise Delcourt. 28
Marie-Louise nouvelle.
Voir Marie-Louise Delcourt. 28
Marie Parent. 54
Marion.
Voir Epargne. 37
Maroit.
Voir Jaminette. 53
Marotte sucrée jaune.
Voir Passe-Colmar. 29
Martin-Sec. 62
Médaille d'or.
Voir Frédéric de Wurtemberg. 53
Milan blanc.
Voir Bergamotte d'été. 40
Milan de la Beuvrière.
Voir Bergamotte d'été. 40
Milan d'été.
Voir Bergamotte d'été. 40
Messire-Jean. 62
Messire-Jean doré.
Voir Messire-Jean. 62
Messire Jean Chaulis.
Voir Messire Jean. 62
Messire Jean gris.
Voir Messire Jean. 62
Merveille de la nature.
Voir Doyenné d'hiver. 36
Miel de Waterloo.
Voir Fondante de Charneu. 26
Monsieur.
Voir Doyenné blanc. 49
Monsieur le Curé.
Voir Curé. 61
Monstrueuse des Landes.
Voir Catillac. 60
Mouille-Bouche d'été.
Voir Bergamotte d'été. 40
Morette sucrée jaune.
Voir Passe-Colmar. 29
Muscat d'automne.
Voir Doyenné blanc. 49
Nec plus Meuris. 29
Neige grise.
Voir Doyenné gris. 26
Nelis d'hiver.
Voir Bonne de Malines. 22
Nouveau Poiteau. 55
Nouvelle Boussoch.
Voir Doyenné Boussoch. 48
Nouvelle gagnée à Heuze.
Voir Fondante des Bois. 26
Orpheline d'Enghien.
Voir Beurré d'Arenberg. 33
Passe-Colmar. 29
Passe-Colmar de Louvain.
Voir Passe-Colmar. 29
Passe-Colmar de Vienne.
Voir Passe-Colmar. 29
Passe-Colmar d'Hardempont.
Voir Passe-Colmar. 29
Passe-Colmar doré.
Voir Passe-Colmar. 29
Passe-Colmar épineux.
Voir Passe-Colmar. 29
Passe-Colmar gris.
Voir Passe-Colmar. 29
Passe-Colmar nouveau.
Voir Passe-Colmar. 29
Passe-Colmar Souverain.
Voir Passe-Colmar. 29
Passe-Crassanne. 38
Passe-Meuris.
Voir Passe-Colmar. 29
Pastorale d'hiver.
Voir Doyenné d'hiver. 36
Pater-Notre.
Voir Curé. 61

Peckering Pear.
Voir Belle Angevine. 59

Pirolle.
Voir Jaminette. 53

Plomgastel.
Voir Beurré d'Amanlis. 18

Poire anglaise.
Voir Beurré d'Angleterre. 42

Poire à queue en vis.
Voir Théodore d'été. 58

Poire d'Austrasie.
Voir Jaminette. 53

Poire d'Amande.
Voir Beurré d'Angleterre. 42

Poire d'Angleterre.
Voir Beurré d'Angleterre. 42

Poire d'Angoisse.
Voir Bon-Chrétien d'hiver. 33

Poire de Bart.
Voir Beurré d'Amanlis. 18

Poire de Cadet.
Voir Bergamotte Cadette. 40

Poire de Clion.
Voir Curé. 61

Poire de Limon.
Voir Doyenné blanc. 49

Poire de Margot.
Voir Fusée. 62

Poire de neige.
Voir Doyenné blanc. 49

Poire de Louvain.
Voir Marie Parent. 54

Poire de Monsieur.
Voir Curé. 61

Poire de Seigneur.
Voir Doyenné blanc. 49

Poire des Finois.
Voir Beurré d'Angleterre. 42

Poire de Pezenas.
Voir Duchesse d'Angoulême. 25

Poire de Saint-Martin.
Voir Bon-Chrétien d'hiver. 35

Poire du Pâtre.
Voir Doyenné d'hiver. 36

Poire Gall.
Voir Docteur Gall. 48

Poire His.
Voir Baronne de Mello. 15

Poire Hubart.
Voir Beurré d'Amanlis. 18

Poire Kessoise.
Voir Beurré d'Amanlis. 18

Poire Liard.
Voir Bon-Chrétien Napoléon. 21

Poire l'Empereur.
Voir Bon-Chrétien Napoléon. 21

Poire Mabile.
Voir Bon-Chrétien Napoléon. 21

Poire Manne.
Voir Colmar d'hiver. 35

Poire Médaille.
Voir Bon-Chrétien Napoléon. 21

Poire Melon.
Voir Bon-Chrétien Napoléon. 21

Poire Pêche. 55

Poire Pomme.
Voir Beurré de Racquinghem. 45

Poire Saint-Jean hâtive.
Voir Madeleine. 51

Poire Sieulle.
Voir Doyenné Sieulle. 51

Poire Tougart.
Voir Fondante des Bois. 26

Poire Williams.
Voir Bon-Chrétien Williams. 21

Présent de Malines.
Voir Passe-Colmar. 29

Prince Albert. 56

Princesse Charlotte. 56

Professeur Dubreuil. 55

Roi Jolimont.
Voir Doyenné de juillet. 24

Rousselet d'août. 56

Rousselet Demeester.
Voir Ferdinand Demeester.

Rousselet d'hiver.
Voir Martin-Sec. 62

Royale d'Angleterre.
Voir Belle Angevine. 59

Royal d'Estiver.
Voir Léon Leclerc de Laval. 61

Sabine.
Voir Jaminette. 53

Saint-François.
Voir Beurré d'Angleterre. 42

Saint-Germain. 38

Saint-Germain Uvedalès. *Voir* Belle Angevine. 59
Saint-Germain vert. *Voir* Saint-Germain. 38
Saint-Lambert. *Voir* Epargne. 37
Saint-Michel archange. 30
Saint-Michel crotté. *Voir* Doyenné gris. 26
Saint-Michel d'hiver. *Voir* Doyenné d'Alençon. 23
Saint-Michel gris. *Voir* Doyenné gris. 26
Saint-Samson. *Voir* Epargne. 37
Seigneur Esperen. 30
Seigneur d'hiver. *Voir* Doyenné d'hiver. 36
Serrurier d'automne. *Voir* Urbaniste. 31
Soldat Laboureur. 30
Souveraine. *Voir* Passe-Colmar. 29
Spoelberg. 57
Spreuw Ové. 57
Surpasse Meuris. *Voir* Ferdinand Demeester. 52
Suprême gris. *Voir* Passe-Colmar. 29
Suzette de Bavay. 57
Teton de Vénus. *Voir* Bellissime d'hiver. 50
Théodore (Van Mons). 58
Thompson's. 58
Tombe de l'Amateur. *Voir* Nouveau Poiteau. 55
Très-Grosse de Bruxelles. *Voir* Belle Angevine. 59
Triomphe de Hasselt. *Voir* Van Marum. 53
Triomphe de Jodoigne. 31
Triomphe de la Pomologie. *Voir* Marie-Louise Delcourt. 28
Triomphe de Louvain. *Voir* Beurré Bretonneau. 41
Urbaniste. 31
Urbanis d'Albret. *Voir* Urbaniste. 31
Valencia. *Voir* Doyenné blanc. 49
Van Donckelaer, ou Donckelaar. *Voir* Marie-Louise Delcourt. 28
Van Marum. 53
Van Mons (Léon-Leclerc). 32
Vauquelin. 32
Vermillon d'Espagne d'hiver. *Voir* Bon-Chrétien d'Espagne. 60
Verralieu. *Voir* Urbaniste. 31
Vicaire de Winkfield. *Voir* Curé. 61
Vineuse Esperen, 58.
Vrai Bosc. *Voir* Beurré d'Apremont. 48
Wilhelmine. *Voir* Beurré d'Amanlis. 18
Zephirin Grégoire. 58

NOMS DES POMMIERS.

Api. 65
Api d'hiver. *Voir* Api. 65
Api fin. *Voir* Api. 65
Api rose. *Voir* Api. 65
Alexandre 1er. *Voir* Grand Alexandre. 71
Barowisky. 66
Baltimore. *Voir* Belle Dubois. 67
Bedford's hire foundling. 66
Belle Dubois. 67

Belle du Havre. 66
Belle femme Richard.
Voir Belle Fleur de France. 67
Belle Fleur de France. 67
Blanche glacée.
Voir Pomme glace. 78
Bonnet carré.
Voir Calville blanche d'hiver. 67
Calville blanche d'hiver. 67
Calville blanche à côtes.
Voir Calville blanche d'hiver. 67
Calville rouge d'hiver. 68
Calville rouge d'Anjou.
Voir Calville rouge d'hiver. 68
Calville rouge normande.
Voir Calville rouge d'hiver. 68
Calville Saint-Sauveur. 68
Calvin blanc.
Voir Calville blanche d'hiver. 67
Cambridge Peppin.
Voir Bedford's hire foundling. 66
Châtaignier. 68
Châtaignier d'hiver.
Voir Châtaignier. 68
Cœur de Pigeon.
Voir Pigeon de Jérusalem. 72
Court-Pendu gris. 69
Court-Pendu rouge.
Voir Court-Pendu gris. 69
Court-Pendu musqué.
Voir Court-Pendu gris. 69
Court-Pendu plat.
Voir Court-Pendu gris. 69
Corianda rose.
Voir Court-Pendu gris. 69
Cucousu. 78
D'Eve. 69
Doux d'Argent. 69
Doux d'Angers.
Voir Doux d'Argent. 69
Double Belle Fleur.
Voir Belle Fleur de France. 67
Drap d'or.
Voir Fenouillet jaune. 70
Fenouillet gris. 60
Fenouillet gros. 70
Fenouillet jaune. 70
Fenouillet doré.
Voir Fenouillet jaune. 70
Fenouillet rouge.
Voir Fenouillet gros. 70
Empereur Alexandre.
Voir Grand Alexandre. 71
Glace de Zélande.
Voir Transparente d'Astrakan. 77
Gloria Mundi.
Voir Belle Dubois. 67
Grand Alexandre. 71
Gris anisé.
Voir Fenouillet gros. 70
Gorge de pigeon.
Voir Fenouillet jaune. 70
Gros Alexandre.
Voir Grand Alexandre. 71
Gros Verdin.
Voir Verdin d'été. 80
Grosse Reinette d'Angleterre.
Voir Reinette du Canada blanche. 74
Impériale. 71
Joséphine. 71
King of the Peppin.
Voir Reine des Reinettes. 73
Louis XVIII.
Voir Belle Dubois. 67
Madeleine blanche.
Voir Transparente d'Astrakan. 77
Maltranche.
Voir Impériale. 71
Ménagère.
Voir Joséphine. 71
Monstrous Peppin.
Voir Belle Dubois. 67
New-York Gloria Mundi.
Voir Belle Dubois. 67
Ostogatte.
Voir Doux d'Argent. 69
Patrowski.
Voir Grand Alexandre. 71
Passe-Pomme blanche.
Voir Transparente d'Astrakan. 77
Petit Api.
Voir Api. 65
Petit Fenouillet anisé.
Voir Fenouillet gris. 60
Pigeon blanc. 71

Pigeonnet commun.
Voir Pigeon blanc. 71
Pigeon de Jérusalem. 72
Pigeon rouge. 72
Pigeonnet rouge.
Voir Pigeon rouge. 72
Pomme d'Anis.
Voir Fenouillet gris. 60
Pomme de Cantorbery. 72
Pomme de Notre-Dame.
Voir Rambour franc. 72
Pomme de caractère.
Voir Fenouillet jaune. 70
Pomme d'Ile.
Voir Impériale. 71
Pomme d'Or.
Voir Reinette d'Angleterre. 73
Pomme d'Orange.
Voir Pomme Glace. 78
Pomme framboisée.
Voir Violette des Quatre-Goûts. 77
Pomme Citron.
Voir Pomme Glace. 78
Pomme Glace. 78
Pomme Glace d'hiver.
Voir Pomme Glace. 78
Pomme Neige. 78
Pomme Rosat.
Voir Belle du Havre. 66
Pomme rose.
Voir Api. 65
Quenepin. 79
Quesnel. 79
Rambour d'été.
Voir Rambour franc. 72
Rambour d'hiver. 73
Rambour franc. 72
Rambour Lebel. 73
Rambour précoce.
Voir Rambour franc. 72
Rambour rayé.
Voir Rambour franc. 72
Reine des Reinettes. 73
Reinette d'Angleterre. 73
Reinette Blanche hâtive. 79
Reinette de Caux. 74
Reinette du Canada blanche. 74
Reinette du Canada grise. 75
Reinette à côtes.
Voir Calville blanche d'hiver. 67
Reinette de Batavia.
Voir Reinette de Hollande. 75
Reinette de Bourgogne.
Voir Court-Pendu gris. 69
Reinette de Cantorbery.
Voir Pomme de Cantorbery. 72
Reinette de Caen.
Voir Reinette du Canada blanche. 74
Reinette de Granville. 76
Reinette de Hollande. 75
Reinette de la Couronne.
Voir Reine des Reinettes. 73
Reinette d'Espagne.
Voir Court-Pendu gris. 69
Reinette des Quatre-Goûts.
Voir Violette des Quatre-Goûts. 77
Reinette dorée. 75
Reinette du Canada à côtes.
Voir Reinette du Canada blanche. 74
Reinette du Canada plate.
Voir Reinette du Canada grise. 75
Reinette du Portugal.
Voir Reinette du Canada blanche. 74
Reinette franche. 76
Reinette grise de Parmentier. 76
Reinette grosse du Canada.
Voir Reinette du Canada blanche. 74
Reinette hollandaise.
Voir Reinette de Hollande. 75
Reinette Saint-Sauveur.
Voir Calville Saint-Sauveur. 68
Reinette Thouin. 77
Rhode-Island.
Voir Belle Dubois. 67
Roi d'Islande.
Voir Belle Dubois. 67
Russet Royal.
Voir Reinette du Canada grise. 75
Transparente d'Astrakan. 77
Transparente de Zurich.
Voir Transparente d'Astrakan. 77
Transparente de Moscovie.
Voir Transparente d'Astrakan. 77

Surpasse Reinette.
Voir Reine des Reinettes. 73
Verdin d'été. 80
Verdin d'hiver. 80
Violette des Quatre-Goûts. 77

NOMS DES PÊCHERS.

Admirable. 81
Admirable tardive.
Voir Belle de Vitry. 82
Belle Bausse. 82
Belle de Doué. 82
Belle de Paris.
Voir Malte. 85
Belle de Tillemont.
Voir Bourdine de Narbonne. 83
Belle de Vitry. 82
Belle Garde.
Voir Gallande. 84
Bonouvrier. 83
Bourdine de Narbonne. 83
Bourdin.
Voir Bourdine de Narbonne. 83
Brugnon rouge.
Voir Brugnon violet. 87
Brugnon violet musqué. 87
Brugnon Standwick. 87
Chevreuse tardive.
Voir Bonouvrier. 83
De Narbonne.
Voir Bourdine. 83
Double de Troyes. 83
Gallande. 84
Grosse Madeleine.
Voir Madeleine rouge. 85
Grosse Mignonne. 84
Grosse Mignonne frisée.
Voir grosse Mignonne hâtive. 84
Grosse Mignonne hâtive. 84
Grosse Mignonne ordinaire.
Voir Pourprée hâtive. 86
Grosse Violette hâtive. 88
Madeleine de Courson.
Voir Madeleine rouge. 85
Madeleine rouge. 85
Malte. 85
Noire de Montreuil.
Voir Gallande. 84
Pêche de Troyes.
Voir Double de Troyes. 83
Petite Madeleine de Lyon.
Voir Double de Troyes. 83
Petite Mignonne.
Voir Double de Troyes. 83
Pourprée hâtive. 86
Pourprée tardive. 86
Pucelle de Malines. 86
Reine des vergers. 86
Teton de Vénus. 87
Veloutée de Merlet.
Voir Grosse Mignonne. 84
Véritable Pourprée hâtive.
Voir Grosse Mignonne hâtive. 84
Vineuse de Fromentin.
Voir Pourprée hâtive. 86

NOMS DES ABRICOTIERS.

Abricot Alberge. 89

Abricot Angoumois. 89

Abricot commun. 90

Abricot de Nancy. 90

Abricot hâtif musqué.
Voir Abricot précoce. 90

Abricot Pêche,
Voir Abricot de Nancy. 90

Abricot précoce. 90

Abricot Royal. 91

Albergier de Tours.
Voir Abricot Alberge. 89

Angoumois hâtif.
Voir Abricot angoumois. 89

NOMS DES CERISIERS.

Anglaise hâtive.
Voir Royale hâtive. 96

Anglaise tardive.
Voir Royale tardive. 96

Angleterre hâtive.
Voir Royale hâtive. 96

Belle Andigeoise.
Voir Belle de Choisy. 94

Belle de Châtenay.
Voir Belle Magnifique. 95

Belle de Choisy. 94

Belle de Laeken.
Voir Reine Hortense. 76

Belle de Sceaux.
Voir Belle Magnifique. 95

Cerise de Spa.
Voir Belle Magnifique. 95

Belle Magnifique. 95

Bigarreau à gros fruit rouge. 93

Bigarreau Belle de Rocquemont. 93

Bigarreau commun. 93

Bigarreau de Hollande.
Voir Bigarreau commun. 93

Bigarreau gros Cœuret. 94

Bigarreau Napoléon. 94

Bigarreau royal.
Voir Bigarreau commun. 93

Bigarreau Wellington.
Voir Bigarreau Napoléon. 94

Bouvroye.
Voir Reine Hortense. 76

Cerise à bouquet.
Voir Cerise à trochet. 97

Cerise à fruit ambré.
Voir Belle de Choisy. 94

Cerise à trochet. 97

Cerise commune.
Voir Cerise à trochet. 97

Cerise de la Toussaint. 97

Cerise du Nord.
Voir Griotte du Nord. 98

Cerise Marasca.
Voir Griotte du Nord. 98

Cerisier nain à fruit rond précoce. 95

Cerisier très-fertile.
Voir Cerise à trochet. 97

Chery Duke.
Voir Royale tardive. 96

Cœur de Pigeon.
Voir Bigarreau gros Cœuret. 94

Dauphine.
Voir Belle de Choisy. 94

De la Palembre.
Voir Belle de Choisy. 94

De la Saint-Martin tardive.
Voir Cerise de la Toussaint. 97

De Planchoury. 95

Graffion des Anglais.
Voir Bigarreau commun. 93

Gobet à courte queue.
Voir de Montmorency à gros fruit. 98

Griotte à ratafia.
Voir Griotte du Nord. 98

Griotte du Nord. 98

Gros Bigarreau.
Voir Bigarreau commun. 93

Gros Gobet.
Voir de Montmorency à gros fruit. 98

Grosse Cerise à ratafia.
Voir Griotte du Nord. 98

Guigne blanche. 94

Guigne de Petit-Brie.
Voir Reine Hortense. 76

Impératrice (du Congrès).
Voir Royale hâtive. 96

Indule d'Orléans.
Voir Cerisier à fruit rond précoce. 95

Lanermann.
Voir Bigarreau Napoléon. 94

Lemercier.
Voir Reine Hortense. 76

Louis XVIII.
Voir Reine Hortense. 76

Marcelin.
Voir Bigarreau gros Cœuret. 94

May-Duke.
Voir Royale hâtive.

Merveille de Hollande.
Voir Reine Hortense. 76

Merveille de Jodoigne.
Voir Reine Hortense. 76

De Montmorency à courte queue.
Voir de Montmorency à gros fruit. 98

De Montmorency à gros fruit. 98

De Montmorency à longue queue. 97

Monstrueuse de Bavay.
Voir Reine Hortense. 76

Monstrueuse de Jodoigne.
Voir Reine Hortense. 76

Morello.
Voir Griotte du Nord. 98

Moustier.
Voir Reine Hortense. 76

Nouvelle d'Angleterre.
Voir Belle de Choisy. 94

Reine Hortense. 76

Royale hâtive. 96

Royale tardive. 96

Tardive ou Picarde.
Voir Griotte du Nord. 98

Tôt et Tard.
Voir Royale hâtive. 96

NOMS DES PRUNIERS.

Abricot blanc de Catalogne.
Voir Prune de Catalogne. 100

Abricot vert.
Voir Reine-Claude. 103

Bolmar.
Voir Washington. 104

Coé, Goutte d'or. 99

Coe's Golden drop.
Voir Coé, Goutte d'or. 99

Coe's Impérial.
Voir Coé, Goutte d'or. 99

Coopers large green.
Voir Coé, Goutte d'or. 99

Cupe. 107

Damas blanc gros. 107

Damas noir. 107

Damas vert.
Voir Reine-Claude. 103

Dame Aubert. 105

Datte violette.
Voir Prune d'Agen. 105

Dauphine.
Voir Reine-Claude. 103

D'Avoine.
Voir Prune de Catalogne. 100

Double Drap d'or.
Voir Mirabelle grosse. 101

Drap d'or d'Esperen. 100

Franklin.
Voir Washington. 104

Gravinchon. 107

Golden gage.
Voir Coé, Goutte d'or. 99

Geen Gage.
Voir Reine Claude. 103

Grosse Luisante.
Voir Dame Aubert. 105

Grosse Reine Claude.
Voir Reine Claude. 103

Impériale blanche.
Voir Dame Aubert. 105

Jaune de Catalogne.
Voir Prune de Catalogne. 100

Jaune hâtive.
Voir Prune de Catalogne. 100

Jefferson. 100

Kirke's Plum. 101

Magnum bonum,
Voir Dame Aubert. 105

Mirabelle grosse. 101

Mirabelle petite. 101

Monsieur. 102

Monsieur hâtif. 101

Monsieur jaune. 102

Monsieur tardif.
Voir Monsieur. 102

New Golden drop.
Voir Coé, Goutte d'or. 99

Pond's Seedling. 106

Prune d'Agen. 105

Prune de Catalogne. 100

Prune de la Saint-Jean.
Voir Prune de Catalogne. 100

Prune de Monsieur.
Voir Monsieur hâtif. 101

Prune d'Ente.
Voir Prune d'Agen. 105

Prune du Roi.
Voir Monsieur hâtif. 101

Prune Pêche. 102

Prune Poire.
Voir Pond's Seedling. 106

Queen Victoria.
Voir Reine Victoria. 103

Quetsche d'Allemagne. 106

Reine Claude. 103

Reine Claude de Bavay. 103

Reine Claude violette. 104

Reine Victoria. 103

Robe de Sergent.
Voir Prune d'Agen. 105

Royale de Tours. 104

Saint-Barnabé.
Voir Prune de Catalogne. 100

Sainte-Catherine. 106

Verte Bonne.
Voir Reine Claude. 103

Washington. 104

ERRATA.

Page 30, ligne 21. *Au lieu de* Jules Bivort, *lire* Cat. Bivort.

Page 46, ligne 14. *Au lieu de* Bezy de Saint-Vaasm, *lire* Bezy de Saint-Vaast.

Page 59, lignes 12 et 13. *Au lieu de* Angoa, *lire* Angora.

Page 61, ligne 24. *Au lieu de* Léon Leclercq, *lire* Léon Leclercq de Laval.

Page 63, ligne 7. *Au lieu de* fruit [illegible], *lire* fruit [illegible]alebassé.

Page 103, ligne 1. *Au lieu de* F[illegible], *lire* Po[illegible].

TABLE DES MATIÈRES.

	Pages.
Extraits des Séances de la Société d'horticulture de Picardie	1
Rapport de M. Félix Labbé au nom de la Commission Pomologique	2
Rapport de M. Thuillier-Aloux	6
Opinion de Duhamel sur le choix des fruits	10
Catalogue des Fruits réputés les meilleurs, etc.	13
Poirier	13
Noms des Poiriers de la 1re série	14
Variétés spéciales pour espalier	32
Noms des Poiriers de la 2me série	39
Poires à cuire	59
Pommier	64
Noms des Variétés	65
Pêcher	81
Noms des Variétés	81
— des Brugnons	87
Abricotier	89
Noms des Variétés	89
Cerisier	92
Noms des Variétés	93
— Bigarreaux	93
— Guignes	94
— Cerises douces, commençant à *Belle de Choisy*	94
— Cerises acidulées, commençant à *Cerise à trochet*	97
— Griottier	98
Prunier	99
Noms des Variétés	99
Variétés pour pruneaux	105
— spéciales à la localité	107
Notice sur l'utilité des fruits	109
Liste des Poiriers et Pommiers à cultiver à haute tige	113
Récolte, Conservation et Emballage des fruits	115
Table alphabétique des fruits décrits dans ce Catalogue	119

AMIENS. — IMPRIMERIE DE T. JEUNET.

www.ingramcontent.com/pod-product-compliance
Ingram Content Group UK Ltd.
Pitfield, Milton Keynes, MK11 3LW, UK
UKHW020915180726
13838UKWH00002B/555

9 782329 352107